AF667309

Sabine Haag Molkenteller

Madame le Chef
Führen mit weicher Hand

Sabine Haag Molkenteller

Madame le Chef

Führen mit weicher Hand

Rediroma-Verlag

Bibliografische Information der Deutschen Nationalbibliothek:
Die Deutsche Nationalbibliothek verzeichnet diese Publikation in der Deutschen Nationalbibliografie; detaillierte bibliografische Daten sind im Internet über http://portal.dnb.de abrufbar.

ISBN 978-3-96103-970-8

Illustrationen: Katharina Lachs Fotografie

www.rediroma-verlag.de
12,95 Euro (D)

Inhalt

Ein Management-Kompass für die Post-Corona-Ära

Die Eindämmung der Verbreitung des Coronavirus durch den sogenannten Shutdown hat manche Entwicklung deutlich beschleunigt. Wirtschaftlich kriselnde Unternehmen müssen durch die Effekte des Wegbleibens von Kunden oder das Fehlen von Abnehmern aufgeben. Besonders hart ist der stationäre Einzelhandel betroffen, da umgekehrt proportional der Internethandel sich entwickeln und sich in neuen Kundengruppen etablieren konnte. Nicht nur diese Branche wird sich mit dem Neujustieren oder sogar Neuformieren von Geschäftsmodellen sowie Unternehmensorganisation auseinandersetzen müssen, um die Herausforderungen der Globalisierung und Digitalisierung zu meistern. Geschäftsmodelle werden zunehmend auf die virtuelle Realität umgestellt werden – mit einer neuen Art der Kommunikation. Vor allem die dynamische Digitalisierung von Arbeitsprozessen steigert sich nun exponentiell. Nicht mehr wegzudenken ist das Homeoffice als alltäglicher Arbeitsplatz von Mitarbeitern mit einer Kommunikation mittels virtueller Medien wie Zoom oder Microsoft Teams. In diesem Zusammenhang stellt sich die Frage, welcher Führungstyp oder welcher Führungsstil für die neuen Arbeitsmodalitäten und die unerwartete Komplexität der Beste ist.

Weiter aufgeschlüsselt lautet die Frage, welcher Führungsstil ist geeignet, aus der Distanz heraus auch in einer virtuellen Arbeitswelt ohne persönlichen Kontakt sowie im Unternehmen ein präsentes, modernes Team zur optimalen Leistung zu organisieren und zu animieren?

Die notwendigen Elemente sind sicherlich erhöhte Kommunikationsfähigkeit, stark entwickelte emotionale Intelligenz sowie Sensorik für Schwingungen in der Zusammenarbeit von Mitarbeitern, von Mitarbeitern empfundene Empathie, uneitles Verhalten, hierarchiefreies Team-Leading, smart vermittelte Erfolgsorientierung. Es geht perspektivisch mehr um lenkende Moderation denn um Befehl und penible Kontrolle.

Diese Entwicklung hat mich bestärkt, meine Erfahrungen zu einem Plädoyer für ein Führen mit weicher Hand, einem individuellen Führungsstil, zu formulieren, der für weibliche und männliche Manager in der neuen Arbeitswelt eine über Erfolg entscheidende Richtschnur bietet.

Einleitung

Zunächst möchte ich mich Ihnen vorstellen: Mein Name ist Sabine Haag Molkenteller. Nach Abitur und Banklehre habe ich Betriebswirtschaft in Augsburg studiert und dabei vom Erasmusprogramm – bei Brüssel – vor allem im Hinblick auf meine Französischkenntnisse profitiert, was mir in meiner beruflichen Laufbahn unerwartet eine gute Basis bereitete.

Meine erste Karriere als Managerin in einem großen Konzern habe ich bei der Hoechst AG in Frankfurt im Finanzbereich begonnen, ein seinerzeit großes international tätiges deutsches Pharma-Unternehmen. 1995 übernahm die Hoechst AG den amerikanischen Pharmakonzern Marion Merrill Dow und firmierte von da an als Hoechst Marrion Roussel. So lernte ich, ohne meinen Arbeitgeber zu verlassen, ein für mich neues, amerikanisches Führungsverhalten im gleichzeitigen Vergleich mit deutschem Führungsstil kennen. Drei Jahre später fusionierte Hoechst Marrion Roussel mit dem französischen Pharmakonzern Rhone-Poulenc zu Aventis zum damals nach Umsatzzahlen zweitgrößten Pharma-Unternehmen der Welt. Nicht nur französischer Führungsstil ergänzte nun das deutsch-amerikanische Unternehmen, sondern auch die Hauptverwaltungen beider Unternehmen verschmolzen in Straßburg zu einer gemeinsamen deutsch-französischen Holding. So erlernte ich in Frankreich selbst französischen Management-Stil. Verfeinert wurde diese Erfahrung nach der Fusion von Aventis im Jahr 2004 mit dem französischen Unternehmen Sanofi-Synthélabo. Der Umzug nach Paris, wo Sanofi-Aventis residiert, eröffnete eine weitere Dimension von Führungsverhalten.

Zur zweiten Karriere habe ich mein Hobby gemacht: die Faszination und Passion für Pferde. Das Tor zum Münsterland nennt sich die Stadt Dorsten, zwischen Düsseldorf und Münster gelegen, wo ich meinen Traum realisiert habe. Auf einem 30 ha großen Terrain, gelegen an der Lippe, habe ich das Reitsportzentrum Gut Hohenkamp errichtet. Der Planung lagen viele Besuche von Reitanlagen im In- und Ausland zugrunde, die mich zudem inspirierten, was heute die Besonderheiten von Gut Hohenkamp ausmachen. Dazu gehört eine Dressurhalle mit den Ausmaßen 25 x 60 Meter, eine offene Springhalle, die 30 x 80 Meter groß ist, zwei Dressurvierecke mit 20 x 60 Metern, einem Springplatz mit den Ausmaßen 40 x 80 Meter. Außerdem gibt es eine Geländestrecke und einen eigenen Wald mit Reitwegen. Die Stalltrakte für 100 Pferde sind mit überdachten Verbindungsgängen verbunden, so dass hier Schutz vor Regen und Sonne gewährleistet ist. Natürlich gehört auch ein Longierzirkel mit einer Hecke als natürliche Eingrenzung und eine Führanlage dazu. Die große Fläche bietet nicht nur Weiden mit Tränken, von denen auch zahlreiche ganzjährig den Pferden zur Verfügung stehen, sondern darüber hinaus eine Galoppbahn mit der Länge eines Kilometers, umsäumt von Zierkirschen.
Die Reitanlage Gut Hohenkamp ist die einzige im Kreis Recklinghausen, der die dichteste Besetzung von Reitanlagen in Deutschland und damit Europa aufweist, die fünf Sterne von der Deutschen reiterlichen Vereinigung FN wiederholt verliehen bekommen hat.

Was mich besonders stolz macht, ist die Verleihung des Preises als Gewinner des deutschlandweiten Wettbewerbs um den Titel des besten Reitstalls im Gründungsjahr 2009. Einzelheiten und Bilder zu meinem Reitsportzentrum finden Sie auf der Homepage von Gut Hohenkamp unter www.gut-hohenkamp.de.

Viel Freude bereitete die Konzeption und die Umsetzung meines gedanklichen Modells einer erstklassigen Reitsportanlage. Als ebenso spannend erwies sich das Führen von Mitarbeiterinnen und Mitarbeitern in diesem Metier, was mir neue Herausforderungen sowie weitere Perspektiven im Managementstil eröffnete. Zusammen mit meiner reiterlichen Erfahrung habe ich das Führen mit emotionaler Intelligenz als Führen mit weicher Hand entwickelt: Auch

Reiter und Pferd sind ein Team, beide tragen zum Erfolg bei. Beide haben auch bei der „Arbeit“ viel Freude, jedenfalls sollten sie beide diese haben. Diese Balance ist wichtig, insbesondere bei der Führung von Mitarbeitern der jüngeren Generation zwischen 20 und 40. Vor diesem Hintergrund habe ich meine Tätigkeit erweitert und offeriere Trainings für Führungskräfte auf Gut Hohenkamp. In diesen wird mit Hilfe der feinen Antennen der Pferde für die Körpersprache des Menschen an Verstärkungen der Außenwirkung und der Ausstrahlung gearbeitet. Vorkenntnisse im Umgang mit Pferden sind nicht dafür erforderlich. Ergänzt wird dieses Training durch auf meine Erfahrung gestützten, praktischen Tipps, um den Herausforderungen in der neuen Arbeitswelt zu begegnen und diese mit Bravour zu meistern. So habe ich Managern zu noch größeren Erfolgen als Führungskräfte verhelfen können. Mein liebstes und beliebtestes Thema der Führungsseminare ist die Analogie vom zeitgemäßen Führen zum Reiten, wo Reiter und Pferd ein Team bilden und beide zum Erfolg beitragen. Vom Reiten habe ich viel für meine aus der Erfahrung verschiedener Führungskulturen entwickelten Führungsphilosophie hinzugewonnen.

1. Führungskulturen

Um Protesten vorwegzugreifen: Die nachfolgenden Darstellungen von Führungsstilen sind verkürzt und pointiert formuliert und erheben keinen Anspruch auf Allgemeingültigkeit für alle Unternehmen in dem betreffenden regionalen Umfeld. Sie dienen der abstrakten Darstellung unterschiedlicher Ansätze, um den Kontrast zu meiner Idee herauszukristallisieren. Ich werde darauf später zurückkommen, und zwar als Vergleichsmaßstab für meine Schlussfolgerungen und Empfehlungen. Zunächst zu den Pferden:

Das Verhältnis zwischen Menschen und Pferden hat sich im Laufe der Jahrhunderte stark gewandelt. Pferde waren Nutztiere zum Transport von Menschen und Gütern und auch in der Landwirtschaft unerlässlich. Beim Militär haben das Führen von Menschen wie das Reiten von Pferden ihre Ausprägung der militärischen Entwicklung – beziehungsweise der Nutzbarmachung von Pferden für diesen Einsatz – zu verdanken. Große Truppeneinheiten ließen sich nur durch bis auf den „einfachen" Soldaten durchdeklinierte kaskadenförmige Befehlsstufen steuern. Hier war kein Raum für eigene Kreativität oder eigenen Ausdruck vorgesehen, sondern kritik- und widerspruchslose Disziplin gefordert. Diese allein von Männern jahrhundertelang ausgeübte Direktionsform war die Blaupause für ein allgemeines Verständnis von Führung, auch in Unternehmen.

Bereits jetzt möchte ich eine Parallele zu den Pferden ziehen: Ihnen ging es in den berittenen Truppen nicht besser. Die berühmte Kandare, an die auch renitente Mitarbeiter zu nehmen seien, war eine kavalleristische Normalität. Sie diente dazu, Pferde mit einer Notbremse zum Halten zu bringen, insbesondere bei einer einhändigen Zügelführung – die andere Hand hielt eine Waffe. Ihr Zweck war, ein deutliches, im Ergebnis bei starkem Einsatz schmerzhaftes Signal im Pferdemaul zu geben. Der Einsatz der Kandare ist heute noch – nicht zuletzt vor dem traditionellen Hintergrund – Pflicht in der Dressur in den höheren Klassen, was durchaus zu überdenken ist.

Die aus der Militärzeit stammenden Handbücher werden ebenfalls heute noch zu Rate gezogen. Nicht alles ist zu verteufeln, was in der intensiven Beschäftigung mit Reitpferden in den Armeen erarbeitet wurde. So ist die Reitvorschrift des preußischen Heeres von 1912 (H.Dv.12), ausgerichtet auf die Ausbildung und Gesunderhaltung der Pferde, die Basis der Waffengattung Kavallerie. Sie ist noch heute eine Quelle der Erfahrungen, aus der geschöpft wird. Die Truppenpferde galt es effizient und nachhaltig Schritt für Schritt zu einer funktionierenden und schlagkräftigen Waffengattung auszubilden. Ein Verschleiß von Pferden als Kriegsmaterial war keinesfalls gewollt. Nicht gleichzusetzen sind diese aus der militärischen Bedeutung gewonnenen Ratgeber mit dem Kasernenhofstil, der sicherlich auch lange Zeit Einfluss auf die Art und Weise der Ausbildung von Pferd und Reiter hatte.

Führungsstile betrachte ich im internationalen Kontext vor allem vor dem Hintergrund der jeweiligen nationalen, spezifischen Kulturmerkmale. Deshalb spreche ich auch lieber von Führungskulturen, in denen es wiederum unterschiedlichste Führungsstile gibt. Die Führungskulturen, auf die ich nachfolgend – wie betont stark vereinfachend – eingehen möchte, erklären manche Differenzen oder Reibungsverluste in international zusammengesetzten Teams, insbesondere im Zuge der Diversifizierung, was weit über die quotale Besetzung von Positionen mit weiblichen Führungskräften hinausgeht. Spitz formuliert weisen die verschiedenen Führungskulturen nachfolgende Unterschiede und Merkmale auf.

Deutscher Stil

Der Führungsstil in vielen deutschen Großunternehmen ist, wie in anderen Regionen, bedingt durch die geschichtliche und kulturelle Entwicklung.

Die Abkehr vom Militarismus und die 68er-Bewegung haben zu einer Lehre eines verständnisvollen Umgangs von Führungskräften mit Mitarbeitern geführt, was durchaus begrüßenswert ist. Der zackige autoritäre Führungsstil der Nachkriegsjahre, der in Filmen aus dieser Zeit dokumentiert ist und dessen Ausläufer noch vereinzelt zu beobachten sind, kann in der jüngeren Generation als überwunden betrachtet werden. Eine Abkehr von hierarchischem Denken ist damit nicht erreicht, aber der Druck, den äußeren Anschein flacher Hierarchien zu wahren, ist stetig gewachsen. Keine jüngere Führungskraft in einem größeren und erst recht nicht in einem international agierenden Unternehmen möchte sich in Deutschland einen konservativ-autoritären Führungsstil nachsagen lassen. Dieser gilt durchweg als verpönt und gegebenenfalls als Vorrecht der älteren Generation. Stark verallgemeinert hat die Führungskräfteentwicklung mit der Rolle von Vorgesetzten in großen Unternehmen als Versteher und Menschenfreund von Mitarbeitern auf der Schattenseite zu einem teilweise undifferenzierten Vorgesetztenverhalten mit einem Mangel an Entscheidungsfreudigkeit und Zielstrebigkeit geführt, ohne die alten Zöpfe des hierarchischen Denkens zu kürzen. So erleben wir eine Spreizung zwischen straffer, althergebrachter Führung und Führungsmangel, der auf fehlende Kompetenz (mit weicher Hand) moderat zu führen zurückzuführen ist.

Gerne werden durch Angst vor dem Vorwurf harter Führung oder aufgrund Unvermögens zu führen anstatt klarer Vorgaben, Verdeutlichung von Erwartungen und Aufzeigen von Konsequenzen ein missverstandener Teamgeist gefeiert. „Wir setzen uns mal zusammen“ ist eine oft formulierte Einladung für einen Gesprächszirkel, der von Führungskräften nicht mit präzisen Zielvorstellungen vorbereitet ist, und mit offenem Ende häufig zunächst in Faktenfindungsaufgaben mündet, womit die nächste Runde gesichert ist. Damit meine ich nicht eine Projektarbeit, bei der das Ziel in einem gewissen Rahmen beweglich und der Weg dorthin flexibel bis unbekannt ist. Viele Sitzungen in deutschen Unternehmen erinnern gelegentlich an Gruppenarbeitsformen der schulischen Prägung aus den 70/80er Jahren. Diesen beiden Polen der Führungsarbeit bin ich in Deutschland zu Beginn meiner Laufbahn im Unternehmen begegnet. Keine dieser Formen konnte zu Höchstleistungen motivieren. Mein Engagement und wohl auch das meiner Kollegen und Kolleginnen rührte aus eigener Motivation her, gute und qualifizierte Arbeit zu leisten, und dem Willen zum Erfolg.

Der Eindruck der Wirkungslosigkeit einer nicht mehr wahrnehmbaren Führung im Sinne eines Beitrags zum Unternehmenserfolg erhärtet sich in Unternehmen im digitalen Geschäftsumfeld mit weit abgeflachten Hierarchien, die zudem mit ungeschickten oder ungeübten Vorgesetzten ausgestattet sind. Die jetzige Generation junger potenzieller Führungskräfte findet darin keine Vorbilder für zukünftige verantwortungsvolle Aufgaben. Agilen Unternehmen gehört nicht die Zukunft, wenn sie unstrukturiert und führungslos sind. Wie sollen Mitarbeiter sich beweisen können und vorankommen, wenn keiner die Führungsverantwortung im Sinne einer Unterstützung, Wertschätzung und Wegweisung für sie trägt? Aus einer Konsenssoße ist noch kein hervorragendes Menü kreiert worden. Wie soll bei einer Sozialisierung von Verantwortung das professionelle und zielorientierte Umgehen mit von Investoren, Anlegern oder Aktionären anvertrautem Vermögen vermittelt und geschult werden? In den Fragestellungen liegen schon die Antworten: Es werden vielfach individualistische und egozentrische Anreize zur Karriereentwicklung in vermeintlich agilen Unternehmen gesetzt, gefördert durch nicht vorgelebtes Verantwortungsgefühl für den Dienst am Unternehmen und dessen Wohlergehen.

Zudem kommt es durch weniger transparente Erfolgs-Footprints zu – vorsichtig ausgedrückt – unsystematischen Karriere-Entwicklungen, die nicht zwingend auf Leistung im Sinne des Unternehmens, sondern auf eine Verwendung des Zeitpotenzials auf Selbstdarstellung und sogenannte Seilschaften in der modernisierten Ausprägung des Netzwerkens beruhen. In der dann erreichten Führungsposition wird eine (rücksichtslose) Selbstherrlichkeit ausgelebt, die sich mit steigender Hierarchie-Ebene potenziert.

Diese Erfahrungen der Teilnehmer der von mir durchgeführten Führungscoachings ziehen sich durch alle Wirtschaftszweige der digitalisierten Welt.

Dabei tritt noch eine Eigenheit der Managementkultur in Deutschland zu Tage. Mit Ansteigen der Hierarchieebene scheint oft die Selbsteinschätzung von Managern zu wachsen, insbesondere wenn damit eine Steigerung der Anzahl der zugeordneten Mitarbeiter verbunden ist. Der Boden für die teilweise Selbstüberschätzung bildet die Vergütungsstruktur und die Höhe der Gehälter, die vom durchschnittlichen Gehaltsniveau weit abgehoben ist. So wird Managern das Selbstverständnis eines Multiplikators der Bedeutung ihrer Person vermittelt und kann zu einer Entfremdung von den Mitarbeitern führen. Die als Vorbild für hohe Managementgehälter zitierten amerikanischen Kompensationen lassen außer Acht, dass der größere Teil der schwindelerregenden Summen auf Bezahlung mit Aktienoptionen zurückzuführen ist. Der Gleichklang von Erhöhung des Unternehmenswerts und der Vergütung ist auch in der Kompensation deutscher Manager wieder zu finden, allerdings mit einem viel größeren Anteil an Festgehälterelementen.

Gerne definieren sich Führungskräfte in Deutschland überhaupt eher über die Anzahl der ihnen Unterstellten als über wirtschaftliche Erfolgsgrößen. Wenn, bilden kurzfristige Erfolgsziele den Maßstab, wodurch ein Fokus auf Kostensenkungen im selbst verantworteten Bereich und weniger auf Nachhaltigkeit des Geschäftsmodells im Ganzen gelegt wird. Das trägt zu dem Phänomen des Silo-Denkens bei. In diesem Denken in abgeschotteten, eigenen Bereichen spiegelt sich immer noch eine gewisse „Herrschafts-Attitude" und nicht ein Teamansatz mit einem Gefühl der Gesamtverantwortung wider. Nach meiner Ansicht sind Unternehmen soziale Systeme, die sich nicht allein durch Befehle, Kontrolle und Regelflut in einem isolierten Bereich optimal organisieren lassen. Hier gilt es sich in der neuen Arbeitswelt und der Komplexität der aktuellen Herausforderungen anders aufzustellen.

Vielleicht sind mittelständisch geprägte Unternehmen durch eine für eine nachhaltige Ausrichtung des Unternehmens sich verantwortlich fühlende Führung und entsprechende Steuerung so erfolgreich?

American Style

Schon in der Schule lernen amerikanische Kinder Teamwork. Der immer noch die amerikanische Sportszene beherrschende amerikanische Football kennt gleichwertige Offence- wie Defence-Mannschaftsteile. Beide für sich und zusammen können nur jeweils gemeinsam und in ihrer geteilten Aufgabenstellung als Team erfolgreich sein. Der Unterschied von Teamverhalten zur zuvor geschilderten Gruppenarbeit ist die Prägung und „Philosophie" des sich gegenseitig Unterstützens, um gemeinsam erfolgreicher zu sein. Es ist die Bereitschaft zur Addition von sich ergänzenden Individualleistungen als Team. Das bedeutet auch ein „selbstloses" Zurückstellen zugunsten der Verbesserung der Chancen des Teams, das gemeinsame Ziel zu erreichen - das kann auch harte Entscheidungen gegenüber dem Einzelnen bedingen. Diskussionen und Besprechungen innerhalb amerikanischer Unternehmen erfolgen im Team und der Teamleiter, der meistens auch der Vorgesetzte ist, fragt üblicherweise alle Teammitglieder, also seine Mitarbeiter, nach ihrer Meinung. Nach kollegialer Beratung wird eine Entscheidung vom Vorgesetzten gefällt – nicht immer mit der Mehrheit, aber mit der Akzeptanz aller, dass die jeweilige Entscheidung als die beste, alle Argumente berücksichtigende Vorgehensweise erscheint. Der Vorgesetzte ist klar für die Entscheidung verantwortlich, aber es wird zuvor im Team diskutiert und alle Meinungen gehört und Gesichtspunkte erörtert. Die Zusammenarbeit, gegenseitiges Verständnis und die Transparenz – soweit möglich – bezüglich der Entscheidung sind im amerikanischen Management- und Entscheidungsprozess Kernelemente.

Es gibt die These, dass einige Besonderheiten in dem „American way of life“ und des Teamspirits auf die Anforderungen an die Menschen in der Ära der Trecks der Siedler gen Westen zurückzuführen seien. Seinerzeit galt es zusammenzuhalten, sich gegenseitig zu unterstützen, schlimmstenfalls jemanden zurücklassen zu müssen, der den Anforderungen nicht gewachsen war.

Das sind vereinfachte und zudem pauschalierte Erklärungsversuche für eine bestimmte Form des Teamgeists amerikanischer Prägung. Die Folgen für den amerikanischen Arbeitsalltag lassen sich an ein paar Merkmalen festmachen, aber natürlich nicht darauf reduzieren. Was der Teamgeist nahelegt, ist sich gegenseitig auch im beruflichen Umfeld zu „duzen“, das heißt sich mit dem Vornamen anzusprechen. Der Umgangston ist höflich, aber bestimmt. Der höfliche Tonfall amerikanischer Manager wird vielfach von Nicht-Amerikanern als nicht ernst gemeint missverstanden. Diesem Missverständnis unterlag manch einer meiner Kollegen nach der Fusion der Hoechst AG mit einem US-Partner und dem Eintritt amerikanischer Manager in die Organisation in Deutschland. Es wird vieles vorsichtig formuliert und in ruhigem Ton übermittelt, was im deutschsprachigen Raum eher mit erhobener Stimme ausgesprochen wird. Auch ein amerikanischer Polizist wird die Androhung von Schusswaffengebrauch deutlich, bestimmt und höflich, aber nicht schreiend, artikulieren – und davon je nach Situation und angetroffener Person Gebrauch machen. Das scheinbar familiäre Verwenden von Vornamen an amerikanischen Arbeitsplätzen darf nicht darüber hinwegtäuschen, wie professionell gearbeitet und agiert wird. Auch der gelebte Teamspirit täuscht durch die europäische Brille gesehen oft über das zielgerichtete Streben nach Erfolg hinweg. Sich darauf einzustellen war nach der Fusion der Höchst AG mit einem amerikanischen Global Player und der Zusammenarbeit mit US-Managern eine gute und lehrreiche Erfahrung, die mir neue Perspektiven im Führungsverhalten eröffnete.

Die letzten Jahre nach der Fusion und den verstärkten Kontakten mit anderen amerikanischen Unternehmen haben allerdings die Auswirkungen einer Welle spüren lassen, die amerikanische Unternehmen erfasste, die zu übervorsichtigen, eher umschweifenden Formulierungen und zum Teil politischen Personalentscheidungen beigetragen hat. Das ist die permanente Befürchtung, den Forderungen und Regeln der Antidiskriminierung nicht gerecht zu werden. Das geht über die reinen, möglichst unverfänglichen Nomenklaturen hinaus – gerne wurden vorsichtshalber nur noch ein neutralisierendes "he/she" für eine Personenbeschreibung eingesetzt. Auch wurden immer häufiger Sätze und Floskeln in Besprechungen eingeflochten, die noch einmal klar machen sollen, dass bestimmte Vorschläge nicht aufgrund unsachlicher Erwägungen, das heißt keinesfalls vor dem Hintergrund diskriminierender Weltbilder, gemacht wurden. Umständliche Entschuldigungen für Wortwahl oder Erwägungen gerieten zu fast satirischen Interpretationen des eigentlich Beabsichtigten. Erkennbar ist so die amerikanische Führungskultur nicht verbessert worden. Auch hat das mir – als durch diese Kultur eigentlich privilegierte weibliche Führungskraft – zu keinem besseren Gefühl der Gleichbehandlung verholfen. Ungeachtet der sprachlichen Verpackung hat sich die Härte und Entscheidungsfreudigkeit in Organisations- und Personalfragen dadurch nicht grundlegend geändert.

Entscheidungen zu strukturellen Anpassungen mit Personalkonsequenzen oder Individualthemen werden stringenter als in europäischen Unternehmen getroffen und realisiert. Die schnelle Umsetzung von Entscheidungen wurde von den meisten, auch europäischen, Kollegen im amerikanisch-deutschen Gemeinschaftsunternehmen als richtig erachtet. Auf individueller Ebene hingegen überraschte die Fairness des Umgangs mit Mitarbeitern. Das amerikanische Unternehmen lange prägende traditionelle „Hire and fire"-System wird in der Praxis nach meiner Erfahrung trotz der arbeitsrechtlichen größeren Spielräume für Arbeitgeber weniger drastisch bei Personalentscheidungen gelebt. Zur Prävention nehmen amerikanische Unternehmen sich bei der Anstellung besser qualifizierter Mitarbeiter viel Zeit und betreiben hohen Aufwand, die erwartete Leistungsfähigkeit sowie Eingliederungswahrscheinlichkeit in bestehende Teams und Strukturen zu prüfen. Es werden viele Gespräche für Bewerber mit Teammitgliedern, Vorgesetzten auch anderer Teams und anderen Mitarbeitern organisiert, um die Passgenauigkeit zu ermitteln. Dies liegt auch, aber nicht allein, daran, dass es in den USA nicht die in Europa gängige Probezeit gibt. Es ist auch eine Frage der Effizienz im Hinblick auf die zukünftige Zusammenarbeit: die Einarbeitung ungeeigneter oder unpassender Mitarbeiter, die eventuelle Freisetzung, die neue Suche sind nicht nur unnötiger finanzieller, sondern auch persönlicher Aufwand für alle Beteiligten. So kommt es weniger oft zu kurzfristigen Entlassungen, soweit bei der Einstellung die Sorgfalt der Auswahl entsprechend ausgeübt wurde. Damit ist aber nur das Risiko einer falschen Personalentscheidung reduziert, was aber nicht dazu führt, dass Konsequenzen weniger schnell gezogen werden oder Strukturentscheidungen weniger schmerzhafte Einschnitte in Beschäftigungsverhältnisse haben. Kennzeichnend für die konsequente Linie bei Personalentscheidungen amerikanischer Unternehmen ist die sofortige Freistellung des Mitarbeiters und bei Managern die unmittelbare Begleitung durch Security-Personal zum Arbeitsplatz mit einer kurzen Zeitspanne zur Mitnahme persönlicher Gegenstände mit Geleit zum Ausgang und anschließendem Zutrittsverbot. Kompensiert wird dies durch eine großzügige Abfindungspolitik, um Gerichtsprozesse zu vermeiden.

Die auf Erfolg getrimmte amerikanische Führungskultur eröffnet Raum (außer für Absolventen der Ivy-League-Hochschulen) für Karriereoptionen auch für nicht akademisch ausgebildete Top-Teamplayer in Konzernen, selbst der traditionellen Industrien. Das ist ein Unterschied zu manchen Ländern und deren Rekrutierung von Führungspersonen aus Elite-Schulen. Sie selbst sagen scherzhaft von sich, dass sie diese nicht einmal für ihre politische Führung in Gestalt der Präsidenten brauchen, da sie über Filmstudios (Ronald Reagan), Erdnussfarmen (Jimmy Carter) und – heute etwas weniger spezifisch amerikanisch – Immobilienkonzerne verfügen.

Die Generation jetzt heranwachsender Führungskräfte in den USA erwartet Freiheiten in der Ausgestaltung ihres Arbeitsrhythmus und ein ansprechendes Arbeitsumfeld. Der legere Eindruck täuscht aus deutscher Perspektive einen Verzicht auf Ziel- und Erfolgsvorgaben oder Teamspirit oder Leadership vor.

Dass diese Aspekte in Trainings für transatlantisch tätige Manager zu kurz kommen, habe ich bei den interkulturellen Vorbereitungsrunden im Zuge der Fusion des deutschen mit dem amerikanischen Pharmakonzern erlebt. Sie habe ich in meine Führungsphilosophie integriert und natürlich auch in die Managementtrainings eingearbeitet. In diesen vertiefen mein Team und ich die Herausforderungen an einen zeitgemäßen Führungsstil, der anhand des Führens mit Pferden und des Teamansatzes von Reiter und Pferd gelernt werden kann.

Nach dem Brexit wird die zweite englischsprachige Führungsweise im Vereinigten Königreich weniger Bedeutung haben und geringere Dynamik entwickeln als bisher – soweit bislang registrierbar. Diese durfte ich im Rahmen meiner geschäftlichen Unterredungen und Terminen mit Bankern in der Londoner City kennenlernen. Trotz des an das Dinosauriersterben erinnernde Verflüchtigen der Textil- und das Ausdünnen der Kohleindustrie sind die Sozialstrukturen aus den Zeiten der frühen Industrialisierung in Großbritannien verfestigt. Karl Marx würde für sein in England geschriebenes „Kapital" auch heute noch sozialkritische Ansatzpunkte in Bezug auf die Elemente einer Klassengesellschaft finden. So ist auch der Führungsstil erkennbar durch gesellschaftliche Abstufungen charakterisiert. Ausgleichend wirkt die elegant euphemistische Ausdrucksweise auch im beruflichen Umgang miteinander. Durch die aus deutscher Gepflogenheit empfundenen überzogen freundlichen Formulierungen schimmert der Sinn für Satire und schwarzen Humor der Briten durch. Diese spezielle Atmosphäre ist mangels vergleichbarer Rahmenbedingungen außerhalb der Insel – nicht einmal innerhalb des Commonwealth – kein Exportschlager.

Méthode française

Wer vermutet, dass in französischen Unternehmen ein nonchalantes Laissez-faire dominiert, wird über die streng gewahrte Hierarchie erstaunt sein.

Insbesondere die Integrationsphase nach der zweiten Fusion mit einem französischen Unternehmen und dem Umzug in die Pariser Zentrale ließen daran keinen Zweifel aufkommen. Das wird nicht nur im Verhalten von Mitarbeitern über die Hierarchieebenen hinweg deutlich, sondern findet sogar einen technischen Niederschlag in manchen französischen Unternehmen: Es wird sichergestellt, dass kein Mitarbeiter über seinen direkten Vorgesetzten hinweg einem letzteren Übergeordneten eine E-Mail über das unternehmenseigene System schreiben kann. Für diesen engen Führungsstil sehe ich eine historische und kulturelle Grundlage: Vive la révolution! Bitte rufen Sie sich die Bilder streikender französischer Arbeiter – wie Angestellter – vor Augen. Der Grad der Hitzigkeit ist selbst in Mitteleuropa im oberen Feld der Radikalen-Skala anzusiedeln. Keine Scheu besteht, bestreikten Managern persönlich ans Leder zu gehen. Die Aktionen der Gelbwesten wirkten noch Monate nach deren Beendigung in der französischen Politik nach. Sie haben sogar den französischen Präsidenten fast in die Knie gezwungen. Der Präsident versuchte mühsam gesichtswahrend den Forderungen nicht nachzukommen, um als unbeugsam dastehend seinem Amt und vor allem sich selbst keinen Autoritätsverlust beizufügen.
Wer so zu radikaler Opposition bereite Menschen zu steuern hat, wird als eines der Mittel eine autoritäre Führung erwägen. Dem potenziellen Revolutionsgeist frühzeitig Herr zu werden, dient wohl die strenge Ordnung, die früh erfahren und gelernt wird. Die Prägung fängt schon in den traditionellen französischen Schulen an, die deutlich striktere Verhaltens-Maßstäbe setzen als in den nördlichen und westlichen Nachbarländern. Auch noch in der Universität

gilt das Wort des Professors. Das ist sogar wörtlich zu verstehen: In manchen Studiengängen verspricht der größte Erfolg in Klausuren, die Wortwahl des Professors am präzisesten wiederzugeben.

Beste Grundlage für eine Karriere in der Wirtschaft oder in der Politik ist in Frankreich nach wie vor der Abschluss in einem fast beliebigen Studiengang einer Grande École in Paris. Das daraus resultierende Selbstverständnis der Absolventen als exklusiver Club bildet eine breite Basis für eine Verdrahtung – viel stabiler als ein Netzwerk – untereinander und Verflechtung der Positionen. Die dominierende hierarchische Führungsform sichert die Abschichtung gegenüber aufstrebenden revolutionären Usurpatoren.

Passend zum Führungsstil ist die Organisationsform: Die aus deutscher Perspektive straffe Organisation französischer Unternehmen rührt nach meiner Einschätzung ebenfalls aus dem Respekt vor dem revolutionären Geist her, der in der französischen Bevölkerung virulent lebt. Um diesen in der Geschäftswelt zu steuern, scheinen straffe Organisationen in französischen Unternehmen vorzuherrschen. Das wird auch von den Beschäftigten weitgehend akzeptiert. So ist es nicht nur spezifisch in der Wirtschaft. Ganz Frankreich wird durch die Zentralregierung in Paris dominiert.

Ausgeglichen wird die stramme Führung der Ausbildungselite in französischen Unternehmen durch eine offene und ausgiebige Gesprächsbereitschaft auch in offiziellen Besprechungen, die intensive Kommunikation und Austausch befördert und damit manche Spitze und Kante der hierarchischen Führungsinstrumente zu glätten versteht. Hier ist der Umgang miteinander weniger formalisiert, aber immer unter Beachtung der jeweiligen hierarchischen Eingruppierung der Teilnehmer. An dieser wird kein Zweifel zugelassen. Auch wenn französische Manager gemäß der Hierarchie orientiert sind, führen sie aber zum Teil mit einem gewissen Sinn für Ironie, was recht erfrischend und amüsant sein kann.

Profitiert habe ich für meine Führungslehre ungemein von dem französischen Führungsstil des Respekts – aber ohne Angst wie noch in vielen deutschen Unternehmen – vor dem Vorgesetzten.

Noch viele mehr

Wie immer gibt es viele Varianten und Unterarten und landes- wie regionaltypische Unterschiede im Führungsstil und Führungskulturen. Ein ausdifferenzierter Index erlaubt mir aber nicht die vorangestellten Pauschalierungen und Vereinfachungen, die ich vorgenommen habe, um den Punkt zu machen. Zur Vervollständigung des zuvor begonnen Reigens der für Europa relevanten Industrienationen nach dem Brexit zählt Asien. Hier kann ich nur von einer Outside-in-Perspektive für den asiatischen Raum auf das grundsätzliche Harmoniebedürfnis und die Bedeutung der Gruppe hinweisen, die angesichts der großen Zahl von Menschen aus der Distanz wie eine weit entwickelte Schwarmintelligenz anmutet. Ungeachtet dessen oder gerade deswegen erscheint das Führungsverhalten letztendlich in chinesischen Staatsunternehmen sowie japanischen Unternehmen von einer dominierenden Rolle der Vorgesetzten – und korrespondierenden Gehorsamswillen und Disziplin der untergebenen Mitarbeiter – konturiert zu sein.

Die Führungskulturen, die mir unmittelbar begegnet sind und in denen ich mich beruflich eingefunden habe, sind vor allem männlich modelliert. Ein Umstand, der geschichtlich wie zugestanden vormals durch eine biologisch getrennte Aufgabenzuordnung herleitbar zum Nachteil der Frauen nachwirkt. Letzteres ist heute von weit geringerer Bedeutung als in der Realität zu vergegenwärtigen und von verschwindender Relevanz in der Zukunft nach der Corona-Krise.

2. Das Hobby als Beruf

Wenn jemand erklärt, sein Hobby zum Beruf gemacht zu haben, klingt dies zauberhaft. Der Satz vermittelt das Bild eines idyllischen wie lukrativen Berufslebens. Wer den Beruf ernst und professionell betreibt und weder begabter Sänger noch begnadeter Fußballspieler ist, wird sich an betriebswirtschaftliche Kalkulation, Wettbewerbsumfeld, Kundenwünschen, Zeitpläne usw. orientieren müssen. Dass man in einer selbst gewählten Aufgabe, die einem viel Freude bereitet, mehr berufliche Erfüllung finden kann, mag darüber hinwegtrösten, dass auch das zum Beruf erkorene Hobby viel Arbeit bedeutet.

Mein Hobby war nicht der Betrieb eines Gestüts, sondern das Reiten – der innere Zusammenhang ist natürlich gegeben. Als Hauptgeschäftsführerin von Gut Hohenkamp konnte ich von meinen internationalen Erfahrungen zum Teil profitieren, zum Teil musste ich mich neu aufstellen. Das Spektrum der Mitarbeiter in einem Reitbetrieb ist breit und geht von Betriebsleitern bis zu Stallarbeitern. Aber auch bei den gewerblichen Mitarbeitern gelten dieselben, von mir verfeinerten, später vertieften Grundprinzipien einer „emotional intelligenten“ Personalführung, die es situativ anzuwenden gilt und die persönlich auf die einzelnen Mitarbeiter abgestimmt und zugeschnitten sei muss.
Der Hobbyanteil an meiner Tätigkeit ist neben dem Reiten, Sorge für das Fördern von Pferden, deren Wohlergehen und deren Ausbildung zu tragen. Seien es die eigenen Pferde oder die anvertrauten.

Diese Kombination von Management, Pferde und Reiten hat mir nahegelegt, warum Management-Trainings mit Pferden nicht zu Unrecht angeboten werden, und ich habe mich dazu entschlossen, neben der Darlegung der nachfolgenden Theorie auch eine praktische Hilfe in Seminaren anzubieten.

3. Das Pferd als Teammitglied

An dieser Stelle möchte ich anstatt einer ausführlichen Schilderung der verschiedensten Pferderassen und über die Jahrhunderte hinweg unterschiedlichen Einsatzgebiete nur kurz zwischen diesen differenzieren, um den Fokus auf die Konstellation des für meine These relevanten Verhältnisses zwischen Mensch und Pferd zu legen. So viel vorweg: Mein Konzept basiert auf der Vorstellung von Reiter und Pferd als Team, das zusammen für ein gemeinsames Ziel und Erfolg mit viel Freude zusammenarbeitet.

Zunächst sind alle Pferde von Haus aus Fluchttiere. Ihre natürliche Reaktion auf Gefahr ist nicht die Abwehr, sondern das schnelle Entfernen von der Gefahrenquelle. Diese Schnelligkeit haben sich die Menschen zu eigen gemacht, um ihre eigene Fortbewegungsdynamik deutlich zu erhöhen. Vor allem der Einsatz des Pferdes als Reittier und später als Zugtier von Wägen und Kutschen haben auch zur Entwicklung und Ausdehnung sozialer Kontakte und der Erweiterung des Einfluss- und Machtraumes von Menschen beigesteuert. Außerdem wurde das Pferd mit der Entwicklung der Agrarökonomie als Arbeitsmittel intensiv in der Forst- und Landwirtschaft eingesetzt und erst Mitte des 20. Jahrhunderts konsequent durch Maschinen ersetzt. Die Zuchtrichtung des Pferdes als Arbeitsmittel in der Landwirtschaft in den verschiedensten Ausprägungen von Kaltblut-Rassen blende ich hier aus. Auch die für ihre Schnelligkeit und Ausdauer bekannten Araber-Stämme sind wegen ihrer speziellen Ausrichtung ebenfalls nicht im Zentrum meiner Ausführung. Unser Augenmerk gilt dem Reitpferd in seiner Ausprägung als Sportler und Künstler.

Das ist im Hochleistungs-Engagement bei aller Anerkennung und Bewunderung der Leistung von Sportpferden im Ausdauer-, Renn- und Springsport und in der Vielseitigkeit für mich die Dressur – und dann natürlich in ihrer höchsten Klasse, dem Grand Prix de Dressage. Die Dressur hat ihre geschichtliche Wurzel im Einsatz des Pferdes im ritterlichen Dienst und später allgemein im militärischen Bereich. Für diesen Einsatzzweck musste das Pferd von den eigenen emotionalen Reaktionsmechanismen abzuweichen lernen. Der Instinkt des Pferds als Fluchttier hält die meisten Pferde, auch in ihrer Aufregung, davon ab, einen Menschen umzurennen, wenn ausreichend Raum für ein Ausweichen gegeben ist. Im militärischen Einsatz war das Gegenteil gefordert und das mit höchster Disziplin.

Von dem Pferd wurde genau das gefordert, was seiner Natur widersprach: Es sollte nicht fliehen, sondern den Reiter auch kämpferisch unterstützen. Dem Pferd wurden auch Abwehrübungen vermittelt, das Austreten nach hinten und vorne, um den Reiter angreifende Menschen vom Erfolg abzuhalten. Ein Teil dieser besonderen Übungen fanden auch außerhalb des kriegerischen Einsatzes Gefallen. Vor allem in der Renaissance entwickelte sich an europäischen Höfen das Interesse an dem Pferd, nachdem es als Schlachtross des Adels ausgedient hatte und nun in Truppenstärke gebraucht wurde. Spezielle Zuchtausrichtungen und artistische Lektionen sublimierten das Pferd zum Kunstgegenstand und das Reiten als eigene Form des Ausdruckes von Kunst.

In historischer Anlehnung an Reittraditionen erfreut sich heute auch das sogenannte Barockreiten als spezielle Form des Dressurreitens – und der Ausbildung – großer Beliebtheit. Dabei haben sich für diese in Anlehnung an die historische Einbettung des Reitens im Zeitalter des Barocks geübten Lektionen kompakte Pferde bewährt. Diese stehen nicht im Mittelpunkt meiner Betrachtung. Sie vollbringen manche schwere Lektionen insbesondere über der Erde, wie die kunstvollen Sprünge genannt werden, aufgrund ihrer körperlichen Voraussetzungen und Veranlagung dank ihrer Herkunft und Zucht mit Leichtigkeit. Andere Lektionen liegen ihnen dagegen weniger, sodass sich als Sportpferd in den höchsten Disziplinen der Dressur das Warmblut-Pferd als Favorit etabliert hat.

Die Ausläufer dieser historischen besonderen Ausrichtung können heutzutage zum einen in der Spanischen Hofreitschule in Jerez und zum anderen in Wien als Schule über dem Boden bewundert werden.

Zuletzt – und das bedeutet bis einschließlich des Zweiten Weltkrieges – waren vom Kavalleriepferd im kriegerischen Einsatz vor allem Vorwärtsdrang gepaart mit Kraft und Geschwindigkeit gefragt. Zum Steuern und Bremsen diente im Notfall die Kandare. Die Zusammenarbeit und auch Harmonie zwischen dem Kavalleristen und seinem Pferd manifestierte sich in den Präsentationen in der Parade und in der Dressur. Eine spezielle Ausrichtung waren die höfischen Reitkünste als exquisite reiterliche Ausdrucksform. Mit der Reduzierung der Kavallerie als Waffengattung und der allmählichen Bedeutungslosigkeit rückten die ländlichen und privaten Reiter und nach und nach die Reiterinnen in die Reihen der Dressur-Sportler vor. Geblieben ist aus der militärischen Prägung das Stellen hoher Ansprüche an das Pferd als Reitpferd. Die glückliche Kombination von Sportreiter- und Zuchtverbänden in Deutschland hat im Übrigen dazu beigetragen, dass im sportlichen Bereich die Pferdzucht in Deutschland zu der erfolgreichsten zählen darf.

Selbstverständlich sind neben dem Dressurreiten auch aus den Einsatzgebieten in der Landwirtschaft verschiedene Ausprägungen des Reitens entstanden, vor allem vor dem Hintergrund des Hütens von Vieh, insbesondere von Rindern. Dazu zählen das Westernreiten, aber auch Ursprünge der spanischen und portugiesischen Reitweise und Pferdezucht, die darauf ausgerichtet war, dass die Pferde ausreichend Stabilität vor allem gegen Stiere dadurch erhalten, in dem sie in den Grundgangarten Trab und Galopp möglichst viel Bodenhaftung behalten. Auch hierbei half das Reiten mit einer Hand, um die andere frei für den Spieß (Garrocha) zum Steuern der Rinder zu haben. Heute werden sie gerne wegen ihrer besonderen Mechanik in schwierigen Lektionen auch als Sportpferde eingesetzt. Schwebende und schwingende Lektionen liegen ihnen nicht im Blut.

Damit haben wir den Mittelpunkt der Veranschaulichung von Führungsprinzipien festgelegt: das Dressurreiten, und zwar mit einem Warmblutpferd – aus deutschen Zuchtgebieten.

4. Emotionale Intelligenz

An dieser Stelle möchte ich auf die Theorie der Emotionalen Intelligenz eingehen, der zufolge es insbesondere für Führungskräfte nicht nur auf den Intelligenzquotienten (IQ) sondern auch auf den emotionalen Intelligenzquotienten (EQ) ankommt. Dazu ist auf Wikipedia zu lesen:

***Emotionale Intelligenz** ist ein von John D. Mayer (University of New Hampshire) und Peter Salovey (Yale University) im Jahr 1990 eingeführter Terminus. Er beschreibt die Fähigkeit, eigene und fremde Gefühle (korrekt) wahrzunehmen, zu verstehen und zu beeinflussen. Das Konzept der emotionalen Intelligenz beruht auf der Theorie der multiplen Intelligenzen von Howard Gardner, deren Kerngedanke bereits von Edward Lee Thorndike und David Wechsler als „soziale Intelligenz" bezeichnet wurde. Diesen verdeutlichte Thorndike 1920 mit einem Beispiel, wonach der (fachlich) beste Mechaniker als Vorarbeiter scheitern wird, wenn es ihm an sozialer Intelligenz fehlt. Das Thema „emotionale Intelligenz" ist somit auch ein Beitrag zur Diskussion der Frage nach dem Erfolg im Leben und Beruf. Zu dessen Popularisierung hat insbesondere der US-amerikanische Psychologe und Wissenschaftsjournalist Daniel Goleman mit seinem Buch EQ. Emotionale Intelligenz (1995) beigetragen.*

Bei der emotionalen Intelligenz geht es um den Umgang mit sich selbst und mit anderen Menschen. Emotionale Intelligenz bezieht sich auf der einen Seite auf das Selbstmanagement basierend auf der Selbsterfahrung und auf der anderen Seite auf Kompetenzen und Fähigkeiten im Umgang mit anderen Menschen. Die Elemente sind zum einen Selbstbewusstsein, Selbststeuerung und Motivation und zum anderen Empathie, soziale Kompetenz und Kommunikation. Darauf bauen viele neue Führungstheorien auf, allerdings ohne konkrete Hinweise zu benennen oder Übungen zur Umsetzung zu beschreiben. Diese Aspekte sind in meiner „Schule“ vom Führen mit weicher Hand integriert und sie finden nachfolgend präzise und praktische Anleitungen aus der Welt des Umgangs mit Pferden und des Reitens, die man in der neuen Arbeitswelt im übertragenen Sinn einsetzen kann. Diese Gesichtspunkte werden auch in den von mir organisierten Management-Seminaren analysiert und trainiert – und zwar mit den in derlei Disziplinen (nicht nur emotional) intelligenten Geschöpfen, den Pferden, die auch Führung brauchen, um als Team gemeinsam mit dem Menschen erfolgsorientiert im Reitsport zu arbeiten und gemeinsam Freude an der Aufgabe zu haben.

5. Führen am Boden

Beginnen möchte ich mit etwas scheinbar Einfachem, aber, analog auf Führung im Allgemeinen angewendet, mit dem meines Erachtens hilfreichen Darstellen des Führens von Pferden. Damit ist gemeint, ein Pferd an einem Halfter, das es um den Kopf hat, und einem daran angebrachten Strick von A nach B zu geleiten, d.h. zu Fuß, also das Führen am Boden. Auch an dieser Stelle eine Klarstellung: Es sollen nicht Pferd und Mensch im Sinne eines „geführten" Mitarbeiters gleichgesetzt werden. Kein Mensch soll sich bitte durch diese Parabel diskriminiert fühlen. Mir geht es um die Interaktion.

Zur Veranschaulichung von Führungsverhalten dient zunächst das wörtlich zu nehmende „Führen" eines Pferdes am Halfter oder Strick. Der uns interessierende Standardfall ist das Führen eines ausgewachsenen Warmblutpferdes. Dabei überspringe ich das Heranführen des Fohlens an die Erwartungen, die es als Reitpferd erfüllen soll, und dessen Ausbildung. Mein Thema ist auch das Führen von „Erwachsenen".

Mit dem Reitpferd ist also ein ausgewachsenes, an den Menschen bereits gewöhntes Warmblut-Großpferd gemeint, mit einem Stockmaß, das ist die Höhe bis zum Schulterbereich/Halsansatz eines Pferdes, von ca. 170 cm und einem Gewicht von ca. 600 kg. Bekanntlich hat ein Pferd eine Stärke von 1 PS. Im Ergebnis ist festzuhalten: Das Pferd ist der wuchtigere und stärkere Partner. Dieser Partner ist von Haus aus ein Fluchttier, aber oft mit sehr starkem eigenem Willen bis hin zu – aus der Perspektive des potenziellen Pferde-Führers – wildem Gebaren. Hengste sind dabei ein besonderer Fall. Manch ein Hengst scheint verdrängt zu haben, dass er ein Fluchttier ist. Er wird sich dann zeigen und präsentieren wollen – durchaus mit dem Streben nach Dominanz.

Solche Verhaltensweisen sind nur ein Ausschnitt aus dem ursprünglichen Verhalten von Pferden als ein Teil einer Herde. Auch in der Herde gibt es eine Hierarchie, die die Pferde untereinander entwickeln und ausmachen. Dabei stehen Hengste nicht in der Hierarchie-Pyramide ganz oben. Die gute Nachricht für weibliche Führungskräfte ist, dass bei allem Macho-Verhalten von Hengsten in Herden in der freien Wildbahn eine Stute das Leittier ist. Die Ordnung wird durch dominantes, aber nicht das andere Tier verletzendes Verhalten hergestellt, wobei Alter und Erfahrung der Pferde einbezogen zu sein scheinen. Die Sensibilität der Pferde gewährleistet das Ausbleiben von dramatischen Rangkämpfen (außer gelegentlich bei Hengsten), wie von manchen anderen Tierarten gelebt. Diese Konstellation macht sich der Mensch zu eigen, um das Pferd zu beherrschen bzw. besser formuliert, von diesem als Leittier anerkannt zu werden. Die Position als Leittier muss sich der Mensch erst erarbeiten und oft immer wieder verdeutlichen.

Zu einem guten Führungsverhalten zählt auch im Umgang mit Pferden zunächst die Ansprache und Begrüßung. Dadurch wird die Aufmerksamkeit des Pferdes erzeugt und so eine Überraschungsreaktion (des Fluchttiers) vermieden. Der freundliche, höfliche und respektvolle Umgang mit Untergebenen ist schon eine erste Lehre aus der Analogie zwischen Führen von Pferden und Menschen.

Das war auch meine erste Lehre aus meiner Tätigkeit in französisch geprägten Unternehmen: Es wird sich herzlich begrüßt – im Berufsleben auch ohne Wangenküsschen – und ehrlich nach dem Wohlbefinden im Anschluss an ein „Bonjour“ mit einem freundlichen „ça va?“ gefragt. Darauf wird auch geantwortet und Persönliches preisgegeben, was eine tiefere Begegnung und empathischeres Miteinander auch im Berufsalltag in den Teams herstellt als in vielen anderen Ländern. Das in amerikanischen Geschäften eintönig formulierte „How are you?“, bei dem sich die meisten Verkäuferinnen und Verkäufer bereits wegdrehen und sich wieder der Warenverräumung widmen, ist eine Floskel und keine ernst zu nehmende Frage nach dem individuellen Zustand des Wohlbefindens. Nicht viel tiefer geht die Nachfrage durch ein „How are you?“ im Büroalltag. Dieser Gegensatz offenbarte sich, nachdem fusionsbedingt ein Hauch französischen Charms durch die Gänge von Aventis in Straßburg zog. In Paris hatten sich nach kurzer Zeit im Nachgang zum finalen Zusammenschluss zur heutigen Sanofi SA ohnehin französische Usancen und Kräfte durchgesetzt.

Ein gutes Verhältnis zwischen Menschen und Pferd wird transparent, wenn sich das Pferd nach der Begrüßung zu dem es ansprechenden Menschen hinwendet oder sich auf einer Koppel zu ihm hinbewegt. Die oftmals eingespielten Rituale der Begrüßung in Kombination mit der Fütterung einer Kleinigkeit können dabei auch andere Instinkte bei einem Pferd auslösen und es zur Hinwendung bewegen. Wir gehen von dem besten Fall aus, dass das Pferd nicht aus Fressgier positiv auf das Erscheinen des Menschen reagiert. Ein Spiegelbild im Büroalltag: Schon an der Herzlichkeit in der Begrüßung – soweit eine solche stattfindet – kann abgemessen werden, wie es um das emotionale Verhältnis zwischen den sich Begrüßenden bestellt ist. Die Lehre aus diesen Erfahrungen, die ich gezogen habe, ist die Bedeutung und Wirkung einer höflichen und persönlichen, nicht routineartig geleierten Begrüßung von Mitarbeitern. Damit beginnt bereits das Führen.

Mit oder ohne weitere Umstände und Überwindungs-Techniken wird für das Führen des Pferdes das Halfter angelegt und der Führstrick festgemacht. Eigentlich beginnt das Führen schon im Vorfeld des gemeinsamen Marsches, in dem das Pferd so lange stehen bleibt, bis der Führende in spe sich neben das Pferd in die gleiche Richtung stellt und losläuft – manchmal hilft als Signal ein kleines Kopfbeugen, jedoch nicht mehr, und das Pferd sollte folgen, besser mitschreiten. Das ist der erste Lackmus-Test für den Respekt, den das Pferd einem Führenden entgegenbringt.

Führen bedeutet nicht das Hinterherzerren und genauso wenig das Sich-ziehen-lassen, sondern ein gesittetes Zusammengehen unter der Leitung des Führenden. Ein Bild, das sich auf das Führen von Teams übertragen lässt.

Das Pferd soll schon aus Sicherheitsgründen auf Schulterhöhe mit dem Führenden aufschließen und auf dieser Höhe bleiben. Mit Schulterhöhe ist die des Pferdes und die des Menschen gemeint. Der Führstrick ist entsprechend locker und nicht stramm, da das Pferd kontinuierlich das Mitlaufen auf Schulterhöhe des Führenden beibehält, sich an ihm orientiert. Hierbei kristallisiert sich heraus, ob der

Führende in dieser Eigenschaft anerkannt wird oder Zweifel an dieser Rolle überwiegen. Dem Pferd muss klar sein, wenn nicht verdeutlicht werden, jedenfalls kontinuierlich darauf geachtet werden, wer der Herdenführer, der Teamleiter, der Chef ist. Im übertragenen Sinne achtet deshalb der Führende (als „Führungskraft“) darauf, dass sich das Pferd grundsätzlich in seinem Tempo bewegt, sich nach seiner Geschwindigkeit ausrichtet.

Das Tempo und die Marschrichtung bestimmen die „Führungskraft“, so dass das Pferd langsamer oder schneller tritt, je nach Reduzierung oder Erhöhung der Laufgeschwundigkeit des Führenden. Der Führende muss darauf achten, dass ihn das Pferd nicht überholt oder das Tempo bestimmt.

Selbstverständlich bleibt das Pferd dann auch stehen, wenn der Führende anhält.

Hier zeigt sich die Teambereitschaft des Pferdes, vor allem die Anerkennung des Führenden als solchen. Dabei kommt die Sensibilität des Pferds zum Tragen und zur Geltung. Ein Pferd ist ein wunderbares, intelligentes und emotionales Wesen. Es spürt sehr schnell natürliche Autorität oder eine Ausstrahlung als potenzielles „Leittier“. Die Bereitschaft des Führenden, sich auf das Pferd einzulassen, sowie seine Zielstrebigkeit zahlen darauf ein. Wie beschrieben sollte kein Kräftemessen hierüber entscheiden. Mit Hilfe der Pferde ist die Analyse von Führungsstärken und der positive Effekt von Persönlichkeitstrainings gut ablesbar. Persönliche Präsenz, Haltung und Körpersprache können dank dieser Assistenten (der Pferde) in wenigen Trainingseinheiten getestet und rasche Erfolge gefeiert werden.

Es gibt in Bezug auf das Führen am Boden auch einen autoritären, nur auf Dominanz ausgerichteten Ansatz. Dieser empfiehlt, um sich Respekt zu verschaffen (nicht nur in renitenten Fällen), am besten gleich von vornherein am Boden die Rollenverteilung auszumachen und dies in aller Deutlichkeit. So soll man sich im Zweifelsfall vor das Pferd stellen und mit der Seite des Fußes das Schienbein des Pferdes, das in Wirklichkeit das Röhrbein ist, links und rechts abwechselnd leicht vor dem Pferd stehend mit dem Fuß berühren, so dass das Pferd rückwärtsgeht. Unter Druck rückwärts zu gehen ist für das grundsätzlich nach vorne orientierte Pferd eine aufoktroyierte Bewegung und ein Unterwerfungszeichen. Selbst wenn sich im einen oder anderen Fall mit deutlichen Mitteln Respekt verschafft werden muss, sind Strafen und Angst keine Basis für eine gute und fruchtbare Teamarbeit. Das gilt für die Zusammenarbeit in einem Unternehmen gleichermaßen. Eine betont herrschaftliche Ansprache von Mitarbeitern schafft vielleicht Ordnung, aber keine freiwillige Folge und Leistungsbereitschaft.

Sich von Anfang an „gewaltlosen“ Respekt zu verschaffen, ist eine Kernkompetenz einer modernen Führungskraft.

6. What's the difference?

Bei meinem Plädoyer für sanfte Signale ignoriere ich nicht, dass viele Führungsmuster in einem mechanistischen Funktionieren von hierarchisch Untergebenen münden. Eine Parallele zwischen dem Führen von Pferden am Boden ziehend wird man einräumen, dass auch ein rein auf Beherrschung des Pferdes abzielender Ansatz zu einem braven Folgen führt. Gleich welcher Führungsstil praktiziert wird, das organisierende und administrierende Leiten in der gesamten Spannbreite der Ausprägungen von Führung kann irgendwie gelingen, soweit grundsätzlich die Aufgabenverteilung feststeht und durchgesetzt wird. Dann ist die Rollendefinition allein die Basis einer Zusammenarbeit. Das funktioniert mal gut oder mal weniger gut. Der entscheidende Unterschied kristallisiert sich erst heraus, wenn es um Anforderungen in veränderter Form oder in erhöhter Qualität oder Quantität geht und dabei der Führende auf die Leistungsfähigkeit und Leistungsbereitschaft seines Teams setzt und darauf angewiesen ist. Führen ist eben etwas anderes als Machtausübung.

Zurück zur Analogie des Führens eines Pferdes am Boden: Der Führende wird seine Rolle auch nur – mit geeigneten Mitteln, wie Lob und Tadeln durch eine sanfte oder fordernde Stimme u.a. – erhalten, wenn er die mit der Führung einhergehende Verantwortung und damit das Vertrauen des Pferdes nicht enttäuscht. Hier kristallisiert sich der Unterschied zum reinen Über- und Unterordnungsverhältnis heraus. Das Fluchttier Pferd – wir sprechen hier immer noch von einem mit allen Instinkten ausgestatteten Sportpferd – wird auch unter der Führung eines Menschen nicht stumpf ohne genaue Beobachtung des Umfelds mitlaufen. Es reagiert auf akustische wie optische Veränderungen sehr sensibel. Manchmal reagiert es auch auf Dinge, die wir als Menschen gar nicht wahrnehmen. Es ist hellhörig und bereit zur Flucht. Das Pferd dann zu beruhigen und ihm gegenüber klarzumachen, es kann dem Führenden getrost vertrauen und folgen, ist elementar für den vom Pferd abverlangten Respekt. Dies setzt auch voraus, dass die führende Person auch „führt“ und weiß, wohin sie führen möchte. Der vom Pferd erwarteten Akzeptanz als Führungspersönlichkeit steht das in Anspruch genommene Vertrauen und die damit verbundene Verantwortung gegenüber beziehungsweise gehen diese miteinander einher. Wie Menschen erwarten Pferde Vertrauen, Verlässlichkeit und Respekt.

Wer das Pferd führt, soweit es sich um ein Sportpferd handelt, wird auch häufig die Person sein, die sich um das Wohlbefinden des Pferdes kümmert, was mit einer entsprechenden Fürsorge verbunden ist. Dieser Aspekt ist bei dem Vertrauensverhältnis nicht zu unterschätzen. Gemeint ist im Übrigen damit nicht die reine Futtermittelbereitstellung. Dass weder Pferd noch „man" die Hand beißt, die einen füttert, ist eine disziplinarische Grundregel, aber keine Grundlage für eine erfolgreiche Zusammenarbeit.

Die Szene des aus Respekt gegenüber dem Führenden folgsamen Pferds verdeutlicht in einem Bild die Akzeptanz des Führenden durch das mit 1 PS stärkere Team. Grundlage ist Respekt ohne Drangsale, aber trotzdem mit klaren Regeln und darauf basierendem Vertrauen.

Ein Grundbaustein eines jeden Managerseminars mit Pferden: Pferde sind wunderbare und unbestechliche Spiegel des Führungsverhaltens und eröffnen Perspektiven für das Verhalten im eigenen Umfeld.

Reprise I:

Mit der persönlichen Kontaktaufnahme bei der ernsthaft freundlich gemeinten Begrüßung wird die erste Stufe zur Vertrauensbildung und -erhaltung als Basis von dauerhaftem Respekt genommen.

7. Führen im Sattel beziehungsweise unter dem Sattel

Jetzt geht es aufs Pferd in den Sattel.

Zunächst darf ich vor allem die Nicht-Reiter auf ein Phänomen hinweisen, das sich selbst manchen Reitern nicht vollständig erschließt oder dessen Umsetzung durch sie nicht immer gelingt. Die besondere Sensibilität des Pferdes hatte ich schon erwähnt. Faszinierend ist, wie durch den Sattel hindurch mit der dicken Lederpolsterung, dem Sattelbaum und gegebenenfalls weiteren Stützen sich das Pferd durch diese Schichten hindurch vom Reiter durch Nuancen der Verlagerung des Schwerpunkts oder Veränderung im Sitz beeinflussen und lenken lässt. Magisch ist die Reaktion schon auf das Ausatmen des Reiters hin, wodurch das Pferd in eine langsamere Gangart fällt. Abgesehen vom akustischen Signal ist die damit verbundene Ausatmung der Effekt, den der Reiter durch das bekannte Signal des „Brrrrrr“ bewirkt. Die geringe Entspannung im Körper des Reiters signalisiert dem Pferd eine ebensolche und es „schaltet“ einen Gang zurück. Dabei dient der Sitz des Reiters über Rücken, Becken und Beine der Kommunikation mit dem Pferd. Die Feinabstimmung dieser Mittel ist beim Dressurreiten der Hauptkanal der Kommunikation mit dem Reitpferd.

Die hohe Sensibilität der Pferde wirkt sich nicht nur beim Geführtwerden aus. Die innere Verfassung des Reiters beziehungsweise der Reiterin registriert das Pferd, auch wenn sich der- beziehungsweise diejenige bei gerade gerichtetem Kopf des Pferdes nicht im Fokus seines Sichtfelds auf dessen Rücken befindet. Emotionen des Reiters spürt das Pferd deutlicher, als sich der Nicht-Reiter vorstellt. Es empfindet eine ausgeprägte Ängstlichkeit des Reiters beziehungsweise der Reiterin mit. Diese Gemütsverfassung nimmt das Pferd mit seinen feinen Sinnen sofort auf und lässt es besonders achtsam werden oder sogar selbstständig agieren, ein Ausfluss des Fluchtinstinkts, der nicht anders als beim Führen beim Reiten existiert und nicht ausgeschaltet ist. Dies zeigt sich in dem Ausweichen von Hindernissen oder ungewohnten Situationen, auf die es auf die Führung des Reiters nicht ausschließlich vertraut. Ein in sich ruhender Reiter strahlt vertrauensbildende Signale unbewusst aus. Auch Mitarbeiter spüren Unsicherheiten der Führungspersönlichkeit, auch wenn dieser Instinkt nicht so unmittelbar wirkt. Ein wichtiger Aspekt in den Trainings für Manager mit Pferden.

Von außen betrachtet erscheint für den Nicht-Reiter beim Reiten eine Person nur bequem im Sattel sitzend von einem Pferd sich durch das Dressurviereck tragen zu lassen, dabei mit dem Zügel die Richtung vorgebend. Der Zügel ist das zweite, als solches erkennbare Kommunikationsmittel durch die Verbindung von der Reiterhand zum Pferdemaul. Er ist aber auch nur das zweitbeste Medium. Die Intensität dieser Verbindung hängt von der Art des Gebisses im Pferdemaul, in erster Linie von der Stärke der Zugkraft sowie der Dauer und Häufigkeit der Bedienung des Zügels ab. Weitere Hilfen der Übermittlung der Erwartungen des Reiterwillens sind gut von außen sichtbar, so der Einsatz der Schenkel und des sporenbewehrten Reiterstiefels sowie Reitgerten.

Als Metapher zum Pferd ist mein Eindruck, dass die Sinneswahrnehmung von Menschen – hier den Mitarbeitern – nicht so offensichtlich wie beim Pferd zu Tage tritt, vielleicht auch im Verborgenen arbeitet, aber nicht zu unterschätzen ist.

Harter Führungsstil

Je stärker und gewaltsamer die Sporen und die Gerte eingesetzt werden, desto eher kommt dies einer Drangsale des Pferdes gleich. Im übertragenen Sinne handelt es sich dabei um einen dominanten, harten Führungsstil, der zu einer Beherrschung des Pferdes führt, bei diesem aber zu einem Gefühl des körperlichen Unbehagens beiträgt.

Zunächst kann auch unter Druck ein Ergebnis erzielt werden, provoziert jedoch ein Widerstreben beim „Gepressten" und erfordert eine kontinuierliche Aufrechterhaltung und im Zweifel Intensivierung des Drucks, um das Ergebnisniveau zu halten.

Das Resultat eines derartigen Führungsstils ist wenig Freude an der Arbeit – wie sich bei Pferden und Menschen bei einem ausgeprägten Patriarchat beobachten lässt. Der autokratische Führungsstil wird meistens durch eine Führungspersönlichkeit ausgelebt, die immer alles unter Kontrolle haben möchte. Das ist ein Ausdruck und Zeichen von Unsicherheit, dem sich Pferd und Mensch fügen, aber kein Engagement aus eigenem Antrieb fördern.
Als Ergebnis stellt sich meist so auch nur Mittelmaß heraus, auch wenn Pferd und Mensch brav funktionieren.

In beiden Fällen, Pferd und Mensch, kann ein solches Führungsverhalten zum Boykottieren, Widersetzlichkeit oder beim Pferd zum Abwerfen des Reiters führen.

Letzten Endes ist ein solcher Führungsstil geeignet, ein Programm aufrechtzuerhalten und zu absolvieren. Aus diesem Grunde kommt er häufig in der Praxis vor – ohne dass sich ein Desaster unmittelbar einstellt.

Es gibt Fälle und Situationen, die zurecht ein Kontrollbedürfnis erwecken. Das lässt sich bei Hengsten leicht vorstellen, die einen ungestümen Selbstdarstellungswillen ausleben möchten, den es in richtige Bahnen zu lenken und zu steuern gilt, jedoch nicht zu zerstören.

Kein Zweifel besteht, dass die heutigen Unternehmen Anforderungen an Führungskräfte stellen, die über das pure Verwalten hinausgehen. Auch die Zeit der voranpreschenden Helden und eines „command and control" sind passé. Bei jungen Teams ist diese Zusammenarbeitsform ohnehin „out". Es wird von Managern erwartet, dass sie ihre Mitarbeiter zu Höchstleistungen motivieren und nicht nur verwalten können. Leadership neuer Prägung ist demilitarisiert und deadministriert.

8. Führen mit weicher Hand

Bereits geschildert habe ich die Bedeutung der Begrüßung und der ersten Schritte und Signale als Ausgangspunkt für eine Vertrauensverbindung. Die Vertrauensbasis ist desto stabiler, je mehr sie in beide Richtungen konstruiert ist: Das Vertrauen der Mitarbeiter auf ihren Vorgesetzten und vice versa des Chefs auf seine Mitarbeiter.

Die programmatische Umschreibung des Führens mit weicher Hand besagt schon viel, darf jedoch nicht fehlverstanden werden: Es handelt sich immer noch um Führen, nicht um ein Laissez-faire-Prinzip, allerdings in einer besonderen Art und Weise. Der Begriff der weichen Hand kommt – wie nicht anders zu erwarten – aus dem Dressursport. Gemeint ist damit ein respektvolles Fassen der Zügel als Kommunikationsmittel mit dem sensiblen Pferdemaul. Vor allem der Einsatz der Kandare mit seiner Schärfe will geübt sein und mit Augenmaß erfolgen. Durch ein mehr „zartes" als hartes, ruckartiges Signalisieren der Wünsche des Reiters durch ein Annehmen wie Nachgeben des Zügels besteht eine beständige, flexible, weiche Verbindung zum Pferd. So soll das Team "Pferd" geführt werden.

Obwohl Pferde Musik, wenn sie nicht zu laut ist, verinnerlichen und darauf reagieren, fügt sich Reiten zu Musik in Form einer Dressur-Kür nur selten zu einer tänzerischen Performance zusammen. Beim Tanzen sollte einer der Tanzpartner führen, was eine Parallele zum Reiten nahelegt. Der Charme des Tanzens liegt aber in der harmonischen, taktgleichen Bewegung des körperlich zueinander passenden Tanzpaares, traditionell eines Mannes und einer Frau, durch die gemeinsame Emotionen zum Ausdruck kommen, bei nicht durchschlagend erkennbarer Führung eines Tanzpartners. Die Unterschiedlichkeit der Paar-Partner beim Reiten ist offensichtlich. Der Reiter ist der Chef und steuert, motiviert, tadelt oder lobt und belohnt sein Team. Auch wenn das Tanzen nicht für eine vergleichende Betrachtung zum Reiten geeignet ist, eröffnet eine Dressur-Kür die größte Bühne, Ausdruck und Eleganz der Pferde zur Geltung zu bringen. Gelungen ist für mich eine Kür vor allem dann, wenn spezielle Lektionen zur Musik, möglichst taktgenau ausgeübt, eine besondere individuelle Note des Pferdes hervorheben.

Der Schwierigkeitsgrad einer zur Musik passenden harmonischen Ausführung der Lektionen ist aber schon grundsätzlich enorm.

Der wichtige Aspekt beim Dressurarbeiten, der insbesondere bei der Kür und dem Grand Prix de Dressage zum

Tragen kommt, ist, dem Pferd selbst ausreichend Freiraum für ausdrucksvolle Bewegungen zu lassen.

Nur so kann das Pferd seine eigene Präsenz, Kadenz und Persönlichkeit entfalten und den höchsten Anforderungen an Lektionen wie deren Präsentation erfüllen. Das braucht ein Dressurpferd für eine Top-Performance. Unterschätzt von Managern wird hingegen oft, da nicht im Blickfeld in einem autokratischen Führungsverhalten, die Professionalität und Intelligenz sowie das Gespür von Mitarbeitern. Deren Raum zur Entfaltung ist durch die Führung auf Distanz in der Post-Corona-Ära größer geworden, muss aber auch entsprechend geformt und gestaltet werden.

Die Lehre vom „Empowerment" von Mitarbeitern, ihnen im Zweifel mehr Verantwortungsbereiche einzuräumen, die bei einer Führung auf Distanz in der Welt nach der Corona-Krise erst recht ein Beidrehen des autokratischen Führungsverhaltens bedingt, kommt hinzu. Mit der reinen formalen Organisations-Anpassung ist es aber nicht getan. Die „Lehre" von der weichen Hand geht von einer kontinuierlichen feinen Kommunikation aus, auch im Remote-Leading, um die Koordination der Mitarbeiter und deren individuelle Begleitung zu optimieren.

Das Reiten mit weicher Hand setzt auf das Erfühlen unterschiedlicher Sensibilitäten bei Pferden und erlaubt in verschiedenen Situationen auch eine schnell angepasste Steuerung, Grenzbegradigung und Verbesserung. Eine Führung mit weicher Hand verlangt Klarheit der Signale, ohne überdeutlich werden zu müssen, sowie das Nachfühlen, inwieweit eine Anweisung verstanden und akzeptiert wurde. Eine Führung mit harter Hand oder nach Gutsherrenart bewirkt eine Gleichheit und Einheitlichkeit der

Handhabung ohne Rücksicht auf Besonderheiten, die in einer Person oder in einem Umstand liegen können. Mangels Kommunikation und Rückkoppelung sind Missverständnisse unvermeidbar. Dem Einzelnen wird man so auch nicht gerecht. Es gibt Fälle und Situationen, in denen die „weiche Hand" zupacken muss. Nicht zu vergessen ist, dass es sich immer noch um Führen handelt. Es darf kein Zweifel daran aufkommen, wer die Zügel in der Hand hält. Diesem ist nicht pure Unterwürfigkeit, jedoch entsprechender Respekt gegenüber zu erbringen.

Für mich sind Pferd und Reiter ein Team, das an einem gemeinsamen Ziel, einer gemeinsamen Aufgabe zusammenarbeitet. Unzweifelhaft muss bleiben, wer die Richtung vorgibt.

Die Erkenntnis, dass zufriedene Mitarbeiter leistungswilliger sind, liegt der Idee regelmäßiger unternehmensinterner Umfragestudien von Gallup zugrunde, das drängt aber auch der gesunde Menschenverstand auf. Zufriedenheit allein führt jedoch nicht zur Verbesserung der Leistungsbilanz. Erst die Freude an der Tätigkeit und die Identifikation mit der Aufgabe können deutlich zur Steigerung des Erfolgs beitragen. Diese gilt es, durch die Führungskraft zu beleben und aufrechtzuerhalten. Dafür muss nicht zwingend jeder Tätigkeit ein höherer Sinn beigegeben werden wie die These von der „Purpose"-getriebenen Unternehmensführung vermittelt.

Es macht Freude zu Reiten und sich zu verbessern - dem lernwilligen Pferd ebenso. So kann auch manche erfolgreiche Zusammenarbeit in einem Unternehmen befriedigend sein, ohne dessen Geschäftszweck oder der eigenen Aufgabe in diesem ein höheres Ziel anzudichten. Wenn das tatsächlich auch noch der Fall ist, umso besser.

Reprise II:
Die Führung mit weicher Hand gibt den Mitarbeitern dosiert und gesteuert den größtmöglichen Raum zum optimalen Einsatz ihrer Fähigkeiten und Stärken. So gelingt eine High-performance.

Annehmen und Nachgeben

Aus dem Reitsport übersetzt in das Leiten von Menschen bedeutet das Führen mit weicher Hand folgende Prinzipien einzuhalten:

Den Mitarbeitern den Freiraum gönnen, den sie brauchen, um ihren Stärken gerecht zu werden. Das schließt jedenfalls den gefürchteten Kontrollwahn aus. Die Metapher aus dem Reitsport lehrt, ein enges Führen nicht als Erfolgsrezept zu predigen, sondern sogar ein gesteuertes Risiko einzugehen, die Mitarbeiter an die Grenzen ihres freiwilligen Leistungswillens in qualitativer Hinsicht heranzuführen. Das ist das Pendant zum Vertrauen der Mitarbeiter auf ihren Chef. So lässt sich ausloten, mit wie viel Eigeninitiative, Engagement und Begeisterung Aufgaben bewältigt werden können. Über diesen Weg schafft es der Führende, sein Team zum größtmöglichen Erfolg zu dirigieren.

Dem gesamten Team (mit der unterschiedlichen Verteilung von Rollen innerhalb des Teams) gilt es, eine tragende Rolle zuzugestehen. Das Bild vom Pferd, das den Reiter trägt, drängt sich geradezu auf. Dabei rufe ich nochmal in das Gedächtnis, wie die Kräfteverhältnisse zwischen Reiter und Pferd verteilt sind.

Soweit die Zugeständnisse an die Bewegungsfreiheit im Rahmen der Aufgabenstellung an die Mitarbeiter auch gehen können, geht es immer noch darum, bestmögliche Ergebnisse mit dem Zutun aller zu erzielen. Dies gelingt nur, wenn alle Mitarbeiter an demselben Strang und in dieselbe Richtung ziehen. Dies zu organisieren und zu lenken, ist die Führungsaufgabe. Zur Steuerung sind auch Korrekturen oder Motivation des Teams auf dem Weg zur Zielerreichung, eventuell auch mehr als einmal erforderlich. Diese sollen als eine Hilfengebung und nicht als ein Einsatz mit einer Peitsche beim Empfänger des Signals empfunden werden.

Das Wichtige bei der Führung mit weicher Hand ist die Hilfengebung oder auch Maßregelung mit moderater Angemessenheit. Dabei kommt es auf das Timing und die Dosierung an. Die weiche Hand gibt kleine, feine Hilfen, die weder äußerlich noch innerlich Schmerz zufügen, die auch nicht für alle sichtbar sein müssen – es sei denn, ein generalpräventives Signal soll gesetzt werden. Nur durch ein nicht zu hartes Eingreifen kann schnell wieder zum optimalen Erfolgsmodus hochgeschaltet werden.

Beim Pferd wird zum Beispiel der Zügel angenommen, das heißt, die Deutlichkeit des Signals wird intensiviert, ohne zu viel Druck auszuüben. An den Zügeln wird eben nicht gezogen, sondern leicht eingewirkt, mit Hilfe einer Krümmung der die Zügel führenden Finger. Das ist eine minimale Einwirkung. Nach dem Annehmen des Zügels erfolgt sofort, nachdem das Signal verstanden wurde, das Nachgeben, das als positives Echo wirkt und die Spannung wieder auflöst. Dadurch wird gleich wieder ausreichend Freiraum für den eigenen Ausdruck des Pferdes gestattet.

Übertragen auf das Führen von Teams möchte ich damit veranschaulichen, dass ein Dauerdruck nicht hilfreich für die höchste Stufe der Performance ist. Vielmehr ist für eine Leistungssteigerung durch eine gegebenenfalls erforderliche kurze und leichte Anspannung ein schnell nachfolgendes motivierendes Nachgeben der richtige Weg, um sogleich wieder in den Rhythmus der Hochleistung zu gelangen.

9. Instrumente der Führung mit weicher Hand

Nicht die Hand, auch nicht die weiche Zügelhand, ist das alleinige Mittel der Führung dessen, was ich unter Führen mit weicher Hand vermitteln möchte. Es wird ergänzt durch feine Kommunikations-Elemente, die das Gesamtbild abrunden.

Das beginnt mit der Stimme: Sie muss nicht angehoben werden, um sich verständlich zu machen. Im Gegenteil kann bei erhobener Stimme durch Einschüchterung oder auch nur durch Ablenken der Konzentration die Nachricht nicht in ihrer vollen Informationsbreite ankommen. Damit kommt mir der noch teilweise in deutschen Unternehmen herrschende Militärstil des Über- und Unterordnens ins Gedächtnis, der in die heutige Büro- und Industrielandschaft nicht mehr hineinpasst.

Gerade dieser Aspekt ist für weibliche Führungskräfte nach meiner Erfahrung von großer Bedeutung. Weibliche Führungskräfte neigen dazu, manchen ihrer männlichen Kollegen nachzueifern oder deren Verhalten bewusst oder unbewusst zu kopieren. Das hängt möglicherweise mit dem Umgang mit anderen Managern in männlich geprägten Unternehmen zusammen. Der Eindruck einer die Stimme erhebenden Frau wird allerdings eher als Kreischen denn als Befehlston empfunden und so bewertet. Ein Lautwerden kann auch mal passieren, wenn es einen Auslöser für das berühmte Ausflippen gibt und keine Selbstbeherrschung mehr greift. Wichtig ist, danach wieder die Stabilität der Führung mit weicher Hand aufzugreifen. Ein emotionaler Ausbruch muss gar nicht oder sollte nur selten vorkommen, sonst liegt eventuell ein gravierenderes Problem in der eigenen Person, der Aufgabe oder den Teammitgliedern vor. Grundsätzlich ist die Wirkung desselben nicht immer das Gleiche: Der Habitus einer in männliche Rollen verfallenden weiblichen Führungskraft vermittelt das Erscheinungsbild und scheinbar das Selbstverständnis als Führungsperson zweiter Klasse – nur das Original zählt. Anstatt das Auftreten von Männern und deren Führungsverhalten nachzumimen, können Frauen ihren eigenen Weg gerade heutzutage mit ihren spezifischen Charakterstärken viel schneller beschreiten. Sie sind anders und sollten sich auch entsprechend anders verhalten und führen. Moderne Teams schätzen das Führungsverständnis, das sich in dem Führen mit weicher Hand reflektiert. Wie so oft macht der Ton die Musik. Das fängt schon bei der Begrüßung ohne Zackigkeit, aber mit innerer Wärme an. Ein wichtiger Aspekt, auf den maskuline Manager achten sollten.

Die Denkweise mancher Führungspersönlichkeiten, dass die Mitarbeiter sich gegebenenfalls nach den Marotten ihres Chefs richten müssen, widerspricht auch der Rollendefinition eines Managers in der heutigen Zeit. Jeder Manager ist vor allem Sachwalter fremden Vermögens – ohne den Blick auf andere Stakeholder zu verschließen – und diesem Zweck und dieser Aufgabe hat er sich zu stellen und zu widmen und nicht Eigenheiten zu pflegen. Ein Element dessen ist, sein Team zu Höchstleistungen zu bringen und nicht zur Anpassung an seine Eigenarten oder sein spezielles Führungsverständnis.

Vom Pferd verabschiedet man sich nach dem Reiten, was eine selbstverständliche Handlung ist, schon weil es zurück in den Stall geführt wird. Ein Gruß an die Mitarbeiter vor dem Verlassen der Arbeitsstätte wird ebenso willkommen bei Mitarbeitern sein, umso mehr, wenn dieser mit ein paar persönlichen Worten zum Arbeitstag oder für die Zeit im Anschluss verbunden ist. Das lässt sich auch online oder per Telefon bewerkstelligen, wobei darauf zu achten und Wert zu legen ist, dass dadurch nicht der Eindruck einer Überprüfung erweckt wird.

Neben der kontrollierten Stimme ist als nächstes die Wortwahl zu beachten. Stenoartige knappe Anweisungen sind ein Überbleibsel der militärischen Anordnungs-Kommunikation. Allein ein rauer Umgangston ist kein Indiz für eine natürliche Autorität. Dafür stehen andere Mittel zur Verfügung. Eine zurückhaltende, aber in der Sache deutliche Wortwahl erhöht bei dem Empfänger die Bereitschaft zuzuhören und die Akzeptanz. Das Feingefühl diplomatischer Geschicklichkeit lenkt moderne Teams viel eher auf die Erfolgsspur als ein kumpelhaftes Schulterklopfen.

Distanz aufzulösen ist für eine persönliche Kommunikation nicht notwendig; auch ein Siezen behindert nicht eine gute Kommunikation, solange sie von ernst gemeintem Interesse an der Person und Arbeit getragen wird. Wie so häufig gilt es, das richtig austarierte Maß zu entwickeln. Arroganz ist die weibliche Form des Machismo.

Die Aufrechterhaltung des Kommunikationsstrangs ist essenzieller Bestandteil des Führens mit weicher Hand. Ist dies zeitaufwendig? Na klar! Lohnt sich der Aufwand? Na klar! Wenn eine der – wenn nicht die – Hauptaufgaben einer Führungskraft das Führen von Mitarbeitern ist, gehört die permanente – im übertragenen Sinne – Tuchfühlung zu den Mitarbeitern dazu. Die Vernachlässigung dessen begegnet einem allenthalben. Führen als Dispositions-Auftrag für menschliche Arbeitskraft ohne Feinsteuerung zu interpretieren, liegt in der historischen Entstehung des Verständnisses. Aus dieser historischen Geborgenheit das Führungsverständnis herauszubrechen ist mein Anliegen mit der „Lehre“ vom Führen mit weicher Hand.

Reprise III:

Vive la différence! Frauen agieren und kommunizieren anders als Männer. Aus tradiertem Führungsverhalten gilt es für Männer herauszubrechen und die aus althergebrachten Routinen stammenden Vorbilder beiseitezuschieben. Stimme, Ton und Wortwahl, sollten sich weder bei männlichen noch bei weiblichen Führungskräften an Usancen aus vergangen Tagen orientieren.

10. Mit weicher Hand klare Botschaften übermitteln

Um die Mit- und Erteilung eines Auftrags an Mitarbeiter abzuschließen gehört auch die Gewissheit, richtig verstanden worden zu sein – durch eine Reaktion der oder des Empfängers, gegebenenfalls auf Nachfrage, schlimmstenfalls durch wiederholen lassen. Zunächst setzt eine erfolgreiche Entgegennahme einer Anweisung eine klare Formulierung der Erwartungen an das Team voraus. Die Frauen nachgesagte Kommunikationsfreudigkeit ist bei nicht kopiertem paramilitärischen Führungsgebaren ein Pluspunkt, der nicht durch eine die zwischenmenschliche Chemie limitierende Maulfaulheit verschenkt werden sollte.

Auch Teambesprechungen sollten mit einer an alle individuell gerichtete Nachfrage abgerundet werden, ob die gefundene Basis beziehungsweise Entscheidung von allen gut verstanden wurde und mitgetragen wird. Je breiter die Basis, desto eher wird die Entscheidung – und diese bleibt immer in der Hoheit des Chefs – unterstützt, im Sinne des sich mit der Aufgabe identifizierenden Teamspirits. Erst recht im Remote-Modus ist die Klarheit der Botschaft der Führungskraft ausschlaggebend – und deren Aufnahme zu verifizieren.

Ein weiterer weiblicher Pluspunkt ist das bei Frauen eher als bei männlichen Managern erwartete und eher als selbstverständlich empfundene Lächeln: Anweisungen und Erwartungen transparent zu formulieren und mit einem Lächeln abzuschließen sind deutlich charmantere Führungsinstrumente als nur ein – ohnehin eher häufiger auszusprechendes – „Danke". Ein mögliches Privileg weiblicher Führungskräfte? Eine lächelnde männliche Führungskraft ist schon eine Modernisierungsstufe, die sich von antiquierten Rollenmodellen vorteilhaft abhebt. Die Begleitung von Anweisungen mit einem freundlichen Lächeln ist in der Führungskultur in Deutschland nicht verankert, aber durchaus geeignet, von männlichen wie weiblichen Managern das Team positiv gesinnt zur Höchstleistung zu animieren. Die Wirkung nonverbaler Kommunikation sollte nie unterschätzt werden.

An Deutlichkeit der Aufgabenstellung, Termin-Erwartungen und Sollvorgaben muss es bei einer mit einem Lächeln verbundenen Aufforderung auch bei dem Führen mit weicher Hand nicht fehlen. Mit charmanten Gesten geführte Mitarbeiter (vor allem die männlichen) werden diese Form des Umgangs mit ihnen schätzen. So sind auch kleine Hilfen mit der weichen Hand beim Reiten die bessere Form der Zusammenarbeit zwischen Reiter und Pferd. Der Respekt vor dem Leitenden darf dabei nicht verloren gehen. Die Frauen nachgesagte Sensibilität erlaubt ihnen mit dem entsprechenden Feingefühl, Schwingungen aufzunehmen und mögliche Fehlinterpretationen aufzugreifen und zu beenden. Wenn männliche Manager eine von Empathie getragene Kommunikation intensivieren, werden auch sie ein entsprechendes Feingefühl ausbilden. Gelingt es, diese Balance auszutarieren, ist die Chance der Steigerung der Leistungsbereitschaft in einer angenehmen Atmosphäre als Team deutlich ausgebaut.

Wichtig ist, das Führen mit weicher Hand stets als Führen zu leben. Bei allem Charme darf die Ansage einer lächelnden Führungskraft nicht als erbetene Option von Mitarbeitern interpretiert werden. Überspitzt darf ich nochmal das Beispiel des amerikanischen Polizisten in Erinnerung rufen, der mit ruhiger und bestimmter Stimme unaufgeregt seine Anweisung erteilt und je nach Umständen im Fall der Widersetzlichkeit ohne laut zu werden notfalls zur Waffe greift – und schießt.

Führen mit weicher Hand heißt mit gelassener Stimme in ruhigem Ton charmant (bei Frauen wie Männern verbunden mit einem Lächeln) eine klare Führungskommunikation zu pflegen.

Es wird ein Ziel vorgegeben, was soll erreicht werden? Die nächsten Schritte werden festgelegt, um dorthin zu gelangen, und ein Zeitrahmen wird verabredet, d.h., der Mitarbeiter „committed" sich selbst, diesen einzuhalten. Er oder sie macht ihn sich zu eigen. Es wird sich vergewissert, ob alles verstanden und verinnerlicht ist. Der Status des

Fortschritts der Arbeit wird in einem vereinbarten Modus berichtet – und beobachtet. Für jederzeit wird Hilfe angeboten. Die Zügel werden stets in der Hand gehalten.

Das Führen mit weicher Hand lehrt eine empathische Kommunikation, aber mit klaren Signalen. Gerade männliche Führungskräfte schätzen in den von mir angebotenen Seminaren die erfahrungsbasierten Instruktionen einer Managerin – und keiner aus der Personalabteilung stammenden Trainerin.

Viel Lob und dosierter Tadel

Eine weitere Lehre aus dem Reitsport ist, dass ein Lob für gute Arbeit oder Umsetzung des Erwarteten den Impuls zur guten Performance verstärkt. Dieser Impuls beim Reiten mit weicher Hand ist viel stärker als der des Korrigierens, was im Ergebnis negativ registriert und als Bestrafung empfunden wird. Es gilt, individuelle Stärken zu betonen, um den durch Eigeninitiative getragenen Ausdruck und Leistungswillen zu fördern. Auch hier hilft in der persönlichen Kommunikation mit Mitarbeitern ein Lächeln, selbst nach einer Kritik. Der Zügel wird gleich nachgegeben, wenn die Nachricht angekommen und angenommen wurde.

Das Feedback, jedenfalls irgendeine Reaktion, muss auch unmittelbar erfolgen, um verstanden zu werden und zu einer Verbesserung zu führen. Das gilt für Beifall genauso wie für eine eventuelle Korrektur. Ein Pferd zum Beispiel kann eine Reaktion nur interpretieren, wenn diese unmittelbar auf ein Verhalten passiert – das gilt für Lob wie Tadel. In einem Halbjahres-Personalgespräch Situationen aus der Vergangenheit zu rekonstruieren, ist ungleich schwieriger, als darauf sogleich zum passenden Moment (gegebenenfalls kurz danach ohne weitere Zuhörer) zu reagieren. Zu beherzigen ist, wenn es zu in manchen Unternehmen vorgegebenen oder auch zu selbst gestalteten Halbjahres- oder Jahresgesprächen kommt, diese gut vorbereitet mit Ideen zur Verbesserung auch eines guten Arbeitsverhältnisses anzugehen und sich dabei Zeit zu nehmen und auf den Mitarbeiter zu fokussieren. Für mich gehörten dazu auch, (indirekte) Fragen zu stellen, um eine möglichst nicht zu stark geschminkte Antwort zu erhalten, wie zum Beispiel: Was hat bei der Arbeit beeinträchtigend gewirkt? Was hat Ihnen weniger Freude gemacht? Haben Sie Ideen zur Verbesserung von …? Mitarbeiter spüren ein echtes Interesse der Vorgesetzten an ihrer Förderung und ihrem Fortkommen. Sie werden auch registrieren, wenn ein solches Gespräch als Lückenbüßer zwischen Terminen absolviert wird.

Lob und Tadel werden als Hilfengebung eingesetzt, um ein Ziel zu erreichen. Weder Partystimmung noch Folterkellerambiente führen zum Erfolg. Wichtig ist, die konstante Verbindung zu dem Team aufrechtzuerhalten. Das bedeutet nicht ununterbrochene Unterhaltung, aber beobachtende Wahrnehmung des Geschehens und regelmäßiger Austausch mit Hilfengebung und feinen Korrekturen. Führen bedeutet tatsächlich auch das Führen und nicht nur die Organisation von Arbeitsabläufen.

Mehr zu loben als zu tadeln als Erfolgsrezept der Reiterei – Lob gibt es selbstverständlich nur und erst bei gelungenen Lektionen – halte ich auch für das Führen von Menschen als angenehme und zielführende Gewichtung. Das alt-schwäbische Prinzip des sparsamen Lobs ist nicht förderlich, wenn es zusammengefasst auf den Satz hinausläuft: Wenn ich nichts sage, ist das gelobt genug.

Führung mit weicher Hand bedeutet, durch Kontakt und Kommunikation das „Ohr" am Team zu haben, um im richtigen Moment und wenn notwendig das Zügelmaß im übertragenen Sinne (sogleich) nachgeben oder annehmen zu können. Das Positives verstärkende Lob herrscht dabei vor.

Pause

Je nach Grad der Anstrengung und Möglichkeiten sind Pausen ein wirksames Mittel, Kräfte und Motivation zurückzugewinnen – und sie sind auch ein guter Weg, ein Lob zu vermitteln. Das lehrt das Reiten mit Pferden.

Mir wird berichtet, wie in der Selbst-Führung und -Organisation der durch Corona-Auflagen bedingt geübten Homeoffice-Praxis – soweit dies die Umstände gestattet haben – diese Selbsterfahrung gemacht wurde. Die Pause als Bestandteil des heimischen Workflows hat, soweit die Berichte, nicht zu einer Leistungseinbuße geführt, sondern die Produktivität am heimischen Arbeitsplatz erhöht. Das Führen mit leichter und weicher Hand von Mitarbeitern in Homeoffice-Situationen schließt das Gönnen von Pausen als positives Element bewusst ein.

Außer der individuellen Pausen sind gemeinsame kollektive Entspannungsphasen – von begrenzter Dauer – nicht nur willkommen, sondern aus meiner Erfahrung ein nicht zu unterschätzendes Element der Teammotivation.
In dieser Hinsicht können Führungskräfte auch digital viel organisieren, vor allem wenn von Mitarbeitern der persönliche Austausch mit Kollegen als schwerste Bürde des Homeoffice empfunden wird. In der digitalen Arbeitswelt stellt sich schnell heraus, welchem Typus Chef es gelingt, sich Vertrauen und Respekt zu verschaffen – und ihm entgegengebracht wird. Die Umstellung auf eine Führung mit weicher Hand verlangt manch eine Neujustierung des traditionellen Rollen- und Selbstverständnisses von Vorgesetzten ab, ist aber eine unabdingbare Voraussetzung für eine Führung eines Teams zur Höchstleistung nicht nur in der neuen Arbeitswelt.

Flexibilität beim Führen mit weicher Hand

Das Feingefühl in Bezug auf Situation und Individualität des Teams – und der Unterschiedlichkeit von Pferden im Reitsport – ist einer der Pluspunkte des nicht starren Führungsmodus. Sicherlich stellt dies höhere Anforderungen, wenn das Team bereits divers mit Mitarbeitern mit unterschiedlichen Vorzügen besetzt ist. Falls dies den Erfolg befördert, ist der Führungskraft anzuraten, eine solche Komplexität bei der Teambesetzung anzustreben.

In diesem Zusammenhang ist dann wichtig zu beherzigen, dass bei Führen von Mitarbeitern das Prinzip „one size fits all" nicht passt. Die Differenzierung nach Persönlichkeit der Mitarbeiter, deren Qualifikation, Berufserfahrung und dem Anspruchsniveau der Aufgabe verlangen eine individuelle Anpassung der Aufgabenzuordnung und der Hilfengebung. Je komplexer die Aufgabenstellung und je besser ausgebildet Mitarbeiter sind, desto weiter kann der Rahmen zur Förderung der Entwicklung ihrer selbst und des Teams und dessen Ergebnis gelockert werden.

In der Sache ist bei der Aufgabenverteilung nach der Leistungsfähigkeit und der Professionalisierung der Mitarbeiter zu unterscheiden. Es macht keinen Sinn, Mitarbeiter auf Dauer zu überfordern, auch wenn sie durchaus zur Weiterentwicklung die eine oder andere Herausforderung zur Bewältigung übernehmen sollten.

Mitarbeiter sind dort einzusetzen und mit Aufgaben zu betreuen, wo diese auch Erfolg haben können. Dazu gehört, den Mitarbeitern die nötigen Ressourcen zur Verfügung zu stellen, damit sie ihre Potenziale zum Vorteil des Unternehmens auch entfalten können. Auch das ist eine Disposition im Sinne des Teams und des Vorgesetzten. Ein Beispiel aus der Pferdewelt verdeutlicht die durch Veranlagung definierten, unterschiedlichen Einsatzgebiete, die sich nicht ausschließen, aber zu unterschiedlich guten Ergebnissen führen. Ein Dressurpferd kann auch über ein Hindernis springen. Das war sogar lange als sogenannter Gehorsamssprung nach einer Prüfung vorgegeben. Die Höhe der Hindernisse, die ein durch Zuchtrichtung und Ausbildung spezialisiertes Springpferd überwinden kann, ist ungleich größer.

Bei der Auswahl von Mitarbeitern lässt sich manche Führungskraft von eigenen Kategorien leiten und nicht von dem entworfenen Idealbild der Zusammensetzung des Teams. Das bedeutet, dass oft Vorgesetzte weniger erfahrene und geringer qualifizierte Mitarbeiter mit ähnlicher Berufsprägung auswählen. So hat der Vorgesetzte sachlich wie persönlich alles im Griff. Auch wird das Risiko, unterschiedliche Charaktere verschiedenster Herkunft in ein Team zu holen, gescheut, da deren Führung anspruchsvoller sein kann. Weibliche Führungskräfte sollten diese Scheu vor Diversität und Kompetenz dank eines nicht so ausgeprägten Alpha-Tier-Selbstverständnisses manch eines Managers gerade nicht haben. Sinnvoll und erfolgversprechend ist es, Personen einzustellen, die den Teamerfolg sicherstellen. Bei der Auswahl ist auf die Stärke zu achten, die sie mitbringen und diejenige anderer stärken oder ergänzen. Intelligent – und eben nicht machtgesteuert – ist es, als Chef für die speziellen Kenntnisse oder Kompetenzen, die einem Vorgesetzten fehlen, einen Mitarbeiter komplementär hinzuzugewinnen, um auch für den Führenden ein rundes Paket zu schnüren. Sich nicht zu scheuen, starke und versierte Teammitglieder zu engagieren, werden auch die Vorgesetzten der betreffenden Führungskraft positiv registrieren, jedenfalls sobald sich der Erfolg einstellt.

Neben der klugen Auswahl der Teammitglieder wird es darauf ankommen, das Team nicht klein zu halten, im Gegenteil, es zu stärken.

Ein ich-bezogenes Verwalten ist aus der Zeit gekommen und wird von modernen Teams auch nicht mehr akzeptiert, beziehungsweise löst einen inneren Rückzug und später gegebenenfalls völligen Auszug aus dem Unternehmen aus.

Reprise IV:

Viel Lob und nur angemessener Tadel fördern die Leistung.

Nur ein starkes Team wird erfolgreich sein. Keine Angst vor Kompetenz im Team zu haben, ist Voraussetzung für dessen optimale Leistungsfähigkeit. Die Konkurrenten sind, wenn man sie so sehen will, andere Führungskräfte.

11. Vertrauen und Konsequenz

Die Frauen zugestandene soziale Kompetenz gilt es ausgewogen in Führungspositionen mit der Verantwortung für das Vermögen anderer auszusteuern. Eine Veränderung im Team kann trotz vorsichtiger Auswahl und Zusammenstellung auch mal notwendig sein. Gründe hierfür können Fehlbesetzungen wie veränderte Anforderungen sein. Dabei müssen die weiblichen „Tugenden“ nicht beiseitegeschoben werden.

Zunächst gilt es immer, den Teammitgliedern die notwendige Unterstützung zu gewähren. Das wird bei den heutzutage sich rasch verändernden Umständen und Rahmenbedingungen, die gesamtwirtschaftliche oder unternehmensspezifische Ursachen haben können, immer häufiger erforderlich sein. Unzureichende Ergebnisse dieser Anstrengungen enden nicht zwangsläufig in einer – soweit arbeitsrechtlich gestatteten – Kündigung.

Es gibt viele Möglichkeiten außer einer Trennung, vorausgesetzt, alle Verbesserungsanstrengungen im Rahmen eines gemeinsam festgelegten „Performance improvement plans“, Weiterbildung, längere Pausen oder ähnliche Maßnahmen haben nicht gefruchtet. In Betracht kommen zum Beispiel eine Umschichtung von Aufgaben innerhalb des Teams oder die Suche nach einer Aufgabe in dem Unternehmen außerhalb des Teams. Den Mitarbeitern ist klarzumachen, was von ihnen erwartet wird. Wenn sie diese Erwartung erfüllen wollen und sich dazu verpflichten, dann sind die Ergebnisse auch einzufordern. Wenn sie diese nicht (innerlich) wirklich mit Tatkraft erfüllen mögen, haben sie sich für die daraus resultierenden Folgen selbst entschieden. Das muss ihnen freundlich, aber bestimmt und transparent vor Augen geführt werden. Das gilt für Leistungsanforderungen wie für Veränderungsprozesse. Auch nicht jeder Mitarbeiter wird von den Ausprägungen der neuen Arbeitswelt begeistert sein: Das kann von der Bürogestaltung mit Großraumkonzepten, die heute als „open space" betitelt die modernere Fassung besser beschreibt, bis zu den Arbeitszeiten im Homeoffice reichen. Im Rahmen der arbeitsrechtlichen Möglichkeiten ist äußerstenfalls eine Trennung, am besten eine einvernehmliche, für alle Beteiligten eine Erlösung von einer unbefriedigenden Situation.

Wir weiblichen Führungskräfte haben bei dem Führen mit weicher Hand gerade auf einen gewissen Aspekt im Unterschied zu den männlichen Kollegen zu achten: Wir sind geneigt, Mitarbeitern gegenüber Verständnis zu entwickeln. Auf Dauer müssen weibliche Führungskräfte sich erarbeiten, bei Mitarbeitern, die dem Teamerfolg nicht förderlich sind, bei aller Toleranz Konsequenzen zu ziehen. Solche Gespräche und Entscheidungen sind unangenehm, aber unabänderlicher Teil einer verantwortungsvollen Führungsaufgabe. Wichtig für Frauen als Führungskräfte ist, nicht zu lange mit der richtigen Personalentscheidung zu warten. „Fail fast" ist ein Prinzip, das zu schnelleren Veränderungen führt, die als Chance zur Korrektur in der neuen Arbeitswelt aufgenommen werden müssen. Die neue Arbeitswelt mit ihren neuen Betriebsmechanismen kann ohne offenen und konstruktiven Umgang mit Fehlern nicht auskommen. Transparenz und Lerneffekte sind Markenzeichen einer agilen und innovativen Unternehmenskultur, allerdings ohne dauerhaftes Verständnis für eine Nichterfüllung von Anforderungen. Eine falsch verstandene Rücksichtnahme ist dabei manchmal hinderlich, kann aber durch angemessene mildere Maßnahmen als eine Trennung zum richtigen Zeitpunkt in eine Entscheidung einfließen.

Das berühmte Fordern, aber nicht Überfordern von Mitarbeitern gelingt nur bei hinreichender Interaktion mit Mitarbeitern, klarer Kommunikation, Zu- und Heraushören oder überhaupt Registrieren von Restriktionen bei der Lösung von Problemstellungen. Am Ende heißt es, konsequent zu sein.

Was Frauen im Gegensatz zu ihren männlichen Pendants im Ergebnis zu einer besseren Personalentscheidung verhelfen kann, ist, dass sie angeblich im Durchschnitt das bessere Gedächtnis haben. Das führt dazu, dass sie nach meiner Wahrnehmung weniger leicht verzeihen. „Wir trinken mal was zusammen“ ist kein Lösungsansatz für im Grunde nicht bewältigte schwierige Situationen oder Konflikte für Frauen. Abgesehen davon, dass ein Feierabendbier für die meisten weiblichen Führungskräfte nicht attraktiv klingt, würden sie auch, wenn sie es ausgetrunken haben, eine Angelegenheit, die eine solche Runde opportun erscheinen ließ, nicht gleich aus dem Gedächtnis streichen. Diese Runden, die sich oft in lang gezogenen Seilschaften in Unternehmen durchziehen, sind ohnehin nicht der Geschmack vieler weiblicher Führungskräfte. Hinzu kommt, dass die meisten von ihnen vor dem Hintergrund ihrer weiteren Aufgaben in Familien- und Hausorganisation nicht Zeit dafür aufbringen möchten. Insofern wirkt sich positiv aus, dass heutzutage die berufliche Weiterentwicklung unabhängig von der Trinkfreudigkeit der Beteiligten bei Betriebsfeiern ist. Nicht der „last man standing“ an der Bar hat die beste berufliche Perspektive, sondern der, der als Leader sein Team optimal steuert. Corona-Pandemie-bedingt sind solche Trink-Rituale fast von der Bildfläche verschwunden.

Der Blickwinkel aus der Sicht der zu Führenden lenkt hin zu der Frage: Wollen Männer von Frauen geführt werden? Lehnen Männer „starke Frauen" aus Prinzip oder intuitiv ab? Dazu gibt es viele tiefenpsychologische Abhandlungen, die im Ergebnis in einer Lösung münden, die den Prinzipien des Führens mit weicher Hand noch mehr Rückhalt bietet: Eine weibliche Führungskraft sollte nicht als Alpha-Frau oppressiv agieren, sondern sich auf ihre spezifischen Kompetenzen als Frau in einer wichtigen Funktion und Rolle besinnen. Gemeint ist nicht nur technisch diplomatisches Geschick, vielmehr die kommunikativen Fähigkeiten und die emotionale Sensorik einzusetzen, die es gilt, in eine flexible Reaktion einfließen zu lassen. Dabei hilft auch das Modell der Führung mit weicher Hand, das darauf beruht, Mitarbeitern ausreichend Aktionsradius zur eigenen Entfaltung einzuräumen. Das zurecht gewährte Vertrauen wird honoriert und widergespiegelt werden.

Die Bedeutung von Vertrauen in die Führungskraft für eine erfolgreiche und gedeihliche Teamarbeit wird heute hinlänglich hervorgehoben, die unterschiedlichen Möglichkeiten der verschiedenen Führungsstile jedoch gerne eingeebnet. Unterschätzt werden persönliche Schwingungen in der klassischen Führungstheorie. Sie werden häufig in der Praxis durch Unsensibilität oder Ignoranz ausgeblendet, bestenfalls mit Ritualen aus dem Spektrum von eher maskulinen Bewältigungsmechanismen verarbeitet.

Die Ausprägung der feinen Antennen wie auch der Intelligenz der Mitarbeiter tarieren deutsche Manager vor dem Hintergrund ihrer hohen Selbsteinschätzung häufig zu schwach ein.

Wer einer Führungskraft als Pferd oder Mensch folgt, setzt großes Vertrauen in diese. Diese Basis ist ungeheuer wichtig auszubauen und intensiv zu pflegen. Es geht nicht nur darum, in die richtige Richtung unfallfrei zu steuern, sondern auch (wohlgemerkt) berechtigte Erwartungen nicht zu enttäuschen und gemachte Zusagen einzuhalten. Hier zahlt auch die Wahrnehmung der Geführten ein, ob ein Manager sich für sie und ihre gefühlte Zufriedenheit und Person überhaupt interessiert und so eine empfundene Fürsorge als einen Aspekt einer hinreichenden Vertrauensbasis kreiert.

Beim Sportpferd ist Fürsorge eine Selbstverständlichkeit. Aber auch eine Führungskraft sollte gegenüber Mitarbeitern, die ihr viel Vertrauen schenken, ruhig – soweit ehrlich gemeint – persönliches Interesse entwickeln und zeigen und dadurch ein Gefühl der professionellen „Heimat“ vermitteln. Dazu trägt auch konsequentes Handeln bei Korrektur- oder Veränderungsbedarf bei. Ein Schmusekurs allein ist nicht zielführend.

Basis des gegenseitigen Vertrauens bildet der Respekt voreinander. Respekt ist gegenüber dem Vorgesetzten Voraussetzung für eine Steuerung eines Teams. Er oder sie muss nicht der bessere Fachmann oder die versiertere Fachfrau sein. Die Rolle als Chef wird nicht nur aufgrund einer fachlichen Kompetenz besetzt wie bekannt. Geschildert habe ich die vielfältigen neuen Anforderungen an einen Leader. Vor allem in innovationsgetriebenen Unternehmen der IT und der Pharmazeutik kommt es zunehmend vor, dass eine Führungskraft ein Team von hochklassigen Experten leitet, die nicht nur in ihrem Metier Besonderes leisten, sondern auch – je nach Incentivierung – mindestens das gleiche Jahreseinkommen erzielen können.

Eine solche Fachkarriere erlaubt Mitarbeitern, die sich den Herausforderungen einer modernen Führungskraft nicht stellen wollen oder nicht dafür prädestiniert sind, sich trotzdem unabhängig von einer hierarchischen Beförderung vor allem gehaltlich weiter zu entwickeln.

Gerade für solche Spezialisten, die auf eine nicht nur fachlich definierte Laufbahn umschwenken wollen, haben sich die Managementtrainings mit Pferden zum Neustart ihrer Karriere im Unternehmen bewährt.

Das Beste aus allen Welten

Zurückblickend auf die eingangs geschilderten unterschiedlichen Führungskulturen, die ich erlebt habe, lautet – wie so oft – die Schlussfolgerung, dass einzelne Elemente aus diesen einen guten Mix ergeben, der um die Prinzipien der Führung mit weicher Hand ergänzt, ein zukunftsweisendes Modell darstellt.

Aus einem hierarchischen deutschen Führungsstil lässt sich als Ingredienz eines Menüs der optimalen Steuerung die deutliche und klare Anweisung entnehmen. Diese geht als einseitige und knappe Kommunikation häufig mangels Rückkopplung ins Leere. Das gegenteilige, laxe Verhalten von Führungskräften wird ein Team nicht zum optimalen Ergebnis und Fortkommen anleiten und bewegen können.

Die französische Gesprächskultur, beginnend mit einer persönlichen Begrüßung und individuellen Ansprache, zahlt auf eine gute Kommunikation auch innerhalb eines Teams ein – wobei die berufsbezogene Gesprächsführung bei den Vorgesetzten unangefochten und von allen akzeptiert liegt. Bei allem Charme und intensiver wie freundlicher Begegnung bleibt eines unbestritten: Monsieur oder Madame le Chef ist es auch: The Boss. Die Pariser Ausprägung verlangt eine noch stärkere Einbeziehung der einzelnen Teammitglieder, die sich als gefühlte Teile des Mittelpunkts Frankreich durch große Individualität und ausgeprägtes Selbstbewusstsein auszeichnen.

Der amerikanische Teamspirit verinnerlicht den Gedanken des gemeinsamen Strebens nach Erfolg mit verteilten, sich ergänzenden Rollen. Letztendlich ist die Härte und der Druck in erster Linie in Dollar gemessenen wirtschaftlichen Strebens ein Relikt aus der unter anderem durch Football geprägten Mannschaftsphilosophie, dass der Erfolg des Teams zählt. Unaufgeregtes, angemessenes, aber konsequentes Handeln als Teamleader ist mir als eine elementare Steuerungsgröße für Führungskräfte vor Augen geführt worden.

Reprise V:

An dieser Stelle ist es gut innezuhalten und sich anhand des Führungsverhaltens gegenüber dem Pferd ein paar Erkenntnisse als Kernsätze vor Augen zu führen:

Das Team ist stärker als Du:

- Gleich, welcher Führungsstil gepflegt wird, ist der ein Team Führende auf die Leistung seiner Teammitglieder angewiesen. Das veranschaulicht das 1-PS-Team. Einem Vorgesetzten als Führungsverantwortlichen bleibt wenig Raum einen – auch für sich – außerordentlichen Erfolg zu erzielen, wenn es ihm nicht gelingt, sein Team positiv zu steuern.
- Die Chefin oder der Chef ist ein Teamleader. Die Verantwortung bleibt beim Chef oder der Chefin, aber in der Zusammenarbeit im Team werden Entscheidungen auf eine gute und solide Grundlage gestellt.

Du bist nur so stark wie Dein Team:

- Das ist der Umkehrschluss aus dem zuvor Gesagten. Inwieweit sich ein Vorgesetzter dessen bewusst ist, fließt in die Art und Weise seines Umgangs mit Mitarbeitern und deren Führung ein.

- Das Team wird flexibel mit weicher Hand geführt, welches für Lob wie Korrektur gilt.
- Mehr Lob als Tadel wirkt sich positiv auf das Leistungsniveau des Teams aus.

Erschaffe, erhalte, fördere und nutze die Stärke Deines Teams mit intelligenten Ansätzen:

- Keine Scheu vor kompetenten Mitarbeitern, wenn es dem Teamerfolg dient.
- Halte das Team nicht „klein“.
- Wie so häufig gehen auch im Rahmen der Führung von Menschen fordern und fördern Hand in Hand.
- Die Stärke des Teams zu fördern, ist schließlich nicht uneigennützig.

Lenke und führe das Team konsequent:

- Als logische Konsequenz aus dem Vorhergesagten geht es darum, auch mit einem starken Team als der es Führende umzugehen.
- Halte als Vorgesetzte die konstante – nicht penetrante – Verbindung zu den Team-Mitgliedern.
- Die Vorgesetzte kommuniziert auf Basis ihrer Sensorik und emotionalen Intelligenz situationsangepasst – so auch der Vorgesetzte – mit charmant vorgetragenen klaren und verständlichen Vorgaben, der „Selbstverpflichtung“ der Mitarbeiter sich versichernd. Der oder die Vorgesetzte spitzt die Ohren, nimmt sich Zeit zur ernst gemeinten Kommunikation und stellt die Aufgaben als gemeinsam festgelegtes Ziel fest und vergewissert sich dessen.

12. Das Führen mit weicher Hand hat einen Anfang und ein erfolgreiches Ende

Mit weicher Hand zu führen ist ein Prozess für alle Beteiligten. Die beziehungsweise der Führende muss sich reinfinden und daran gewöhnen, mit Feingefühl das Verhältnis von Anspannung, Hilfengebung und Nachgeben mit anderen Instrumenten und kleineren Intervallen, als die konservative Führungsphilosophie lehrt, passend zur jeweiligen Aufgabe zu entwickeln. Das Team wird gleichfalls erst mit der Zeit spüren, welche Freiräume und Optionen ihm gegeben werden und welche Limitationen und Leitplanken es hat – und wie die Einrahmung mit der Flexibilität und Sensibilität durch die Leitfigur mit weicher Hand gesetzt und kommuniziert wird. Das Austarieren zwischen der Management-Aufgabe, dem Zeitrahmen, den Kapazitäten, der unterschiedlichen Schwierigkeitsgrade der Lösungswege und die Kommunikation in der gemeinsamen Bewältigung der Herausforderung durch das gesamte Team durch ein Geführtwerden mit weicher Hand gelingt und entfaltet ihre Wirkung erst mit der Zeit. Der Teamleader wird entsprechend durch Nachgeben und Annehmen mit der Zeit das richtige Maß gefunden haben. Je transparenter praktiziert, desto früher stellen sich Veränderungen und Verbesserungen in der Zusammenarbeit ein. Die Anpassungsbereitschaft der jeweils Führenden darf dabei nicht so weit gedehnt werden, dass Unklarheiten darüber nicht ausgeräumt werden, wer der Teamleader ist. Dabei wird die Anforderung an das Feingefühl des Führens mit weicher Hand nicht außer Acht gelassen.

Vorbereitung

Im Reitsport üblich, aber nicht durchgehend bei Managern zu beobachten, ist die fachliche und mentale Vorbereitung auf die ersten Kontakte mit dem Team. Deren Selbstbewusstsein, spontan auch mit schwierigen Situationen umgehen zu können, kann zu erheblichen Startschwierigkeiten führen. Als Reiterin macht man sich mit den Rahmenbedingungen als Erstes vertraut. Was gibt es über das Pferd Wissenswertes zu erfahren: Herkunft, Ausbildungsstand, Eigenarten, Erfolge, …? Dann weiß die Reiterin, mit welchem Grad an Freiraum sie starten kann, um mit der Zeit gegebenenfalls nachgeben zu können oder die Zügel zunächst vermehrt anzunehmen. Dafür ist kein Mikromanagement erforderlich.

Vor dem Start im Team ist es selbstverständlich sinnvoll, sich ein Bild über die Teamzusammensetzung zu machen, soweit dies nicht in einer ersten Begegnung, zum Beispiel in einer Vorstellungsrunde, bereits erfolgt ist. Hilfreich können hierfür tatsächlich Personalunterlagen beziehungsweise Dateien sein, die einen Einblick in den historischen Werdegang erlauben, der sich sonst nicht ohne weiteres erschließt. Nach der Begrüßung des gesamten Teams ist es erfahrungsgemäß empfehlenswert, ein Einzelgespräch mit den „Direct Reports“ in einer möglichst entspannten Atmosphäre zu führen. Um ein Bild abzurunden, sind Fragen hilfreich, die darauf abzielen, herauszuhören, was einem Mitarbeiter am besten gefällt und spiegelbildlich, was ihm gar nicht gefällt, wobei offengelassen wird, in welcher Sphäre der Mitarbeiter sein Wohl- oder Unbehagen lokalisiert. Das kann die sachliche Arbeit sein, das Verhältnis zum Vorgesetzten oder zu Mitarbeitern, fehlende Ressourcen und so weiter.

In einem Einzelgespräch wird sich der jeweilige Vorgesetzte auf seinen Mitarbeiter einzustellen beginnen und umgekehrt. Dies kann eine gute Gelegenheit sein, die Spielregeln in der Zusammenarbeit des Führens mit weicher Hand klarzustellen. In diesem Zusammenhang darf ich das oben Gesagte zu dem Führen am Boden in Erinnerung rufen.

Start

Gerade beim Führen mit weicher Hand ist mit den ersten gemeinsamen Schritten des Teams auf Nuancen aufmerksam zu achten und mit Feingefühl zu reagieren. Das beginnt mit der höflichen und bestimmten Übernahme der Verantwortung für die Besprechungsdisziplin, die nicht militärisch zu verstehen ist. Gibt es eine Agenda, wer sitzt wo, kommt jeder zu Wort, um etwas beizutragen – oder Gesagtes nur zu paraphrasieren – sind alle mit dem Ergebnis der Besprechung einverstanden und „committen" sich?

Erforderliche „Kommandos" zum Gegenstand der beruflichen Unterhaltung mit den Mitarbeitern werden mit ruhiger Stimme, vielleicht von einem Lächeln begleitet, klar ausgesprochen. Sich des persönlichen „Commitments" versichernd, das Versprechen als Verpflichtung der Mitarbeiter zur Erfüllung der diskutierten Aufgabe gemeinsam festlegend, wird es eher gelingen, die so allseits geteilte Erwartung auch am Ende erfüllt zu sehen. Ohne ausreichende kommunikativ hergestellte Basis misslingt die – ohne Umwege – schnellste Erzielung des gewünschten Ziels. Die Wichtigkeit dessen im Modus des Remote-Leadership ist selbsterklärlich. Mit der weichen Hand geht es somit als Team an die Arbeit.

Erfolg

Erfolge sind nach meiner Meinung zur Stärkung der Motivation zu honorieren und zu „feiern“. Für erreichte Ziele ist ein Feedback das Mindestmaß, um den nächsten Meilenstein mit Schwung anzusteuern. Und auch in dieser Situation ist das Führen mit weicher Hand eine Richtschnur für Augenmaß. Wie relevant das Loben auf dem Weg zum Erfolg ist, hatte ich schon betont.

Wenn ein Erfolg gefeiert wird, verlockt dies zur Versuchung für manch einen Vorgesetzten, das Podium zur Selbstdarstellung zu missbrauchen und dies als Führung zu interpretieren. Das Führen mit weicher Hand verabschiedet sich auch von dieser Old School des Hurra-Rufens zur Selbsterhöhung. Ein Teamerfolg ist ein Erfolg des Teams und nicht (allein) des Teamchefs.

Gerne zitiere ich dazu den polnischen Lyriker Stanislaw Jerzy Lec: „Ein Pferd ohne Reiter ist immer ein Pferd. Ein Reiter ohne Pferd nur ein Mensch.“

Ein Manager ohne Team ist auch nur ein Angestellter, wessen er sich bewusst sein sollte.

13. Die Ausstrahlung des Führens mit weicher Hand

Zurückkommend auf den Stil der Führung möchte ich mein Plädoyer für das Führen mit weicher Hand wieder aufgreifen und fortsetzen:

Für uns Frauen heißt das, sich noch einmal darüber im Klaren zu werden, so banal das klingt, dass Männer und Frauen schlichtweg unterschiedlich sind und sich auch unterschiedlich verhalten. Ihr Agieren wird unterschiedlich wahrgenommen und interpretiert.

Auch außerhalb des Teams wird ein Führen mit weicher Hand in einem Unternehmen registriert. Ein solcher Stil kann nur den gewünschten Effekt bewirken, soweit er authentisch im Verhalten gegenüber Kollegen und Vorgesetzten beibehalten wird. Es steht jedem Manager auch besser zu Gesicht, wenn er sich nicht außerhalb der Beobachtungssphäre des Teams anders verhält als innerhalb. Die weibliche Führungskraft wird auch mit einem eleganten nonchalanten Verhalten gegenüber Mitarbeitern, Kollegen und Vorgesetzten innerlich zufriedener und erfolgreicher sein, als wenn sie sich in das Rudel männlicher Führungsurtypen eingliedert. Wenn sie im besagten Stil führt, wird sie in der zunehmenden Beobachtung höhere Anerkennung finden, indem sie etwas anders agiert als patriarchische Kollegen. Das gleiche gilt für maskuline Führungskräfte. Auch sie sollten kein Ellbogenduell als missverstandene Selbstbehauptung eingehen, sondern mit Weitsicht nachhaltig und gut dosiert ihr Engagement einsetzen.

Damit möchte ich den Ratgebern für weibliche Führungskräfte widersprechen, die männliche archaische Verhaltensmuster zu kopieren empfehlen.

Lautes Auftreten ist und bleibt die Domäne männlicher Manager. Mein Petitum ist nicht Schüchternheit. Charme, Stil, Sensibilität sind für die Akzeptanz einer weiblichen Führungskraft viel zuträglicher. An Klarheit der Worte muss es nicht fehlen.

Wenn sich Alpha-Tiere um ein Prestigeprojekt prügeln, gilt es abzuwägen, welches Thema beruflich förderlich ist, was nicht immer mit Prestige identisch ist. Sich in das Getümmel um die vermeintliche Beute zu stürzen lohnt selten und wirkt durch das einhergehende Gerangel auf Vorgesetzte und Kollegen nicht immer positiv. Eine elegante Leichtigkeit wird die nachhaltig höhere Erfolgsquote erzielen und die höhere Anerkennung erhalten.

Ein Verhaltensmuster männlicher Führungskräfte sollten aber auch wir als Frauen mit Management-Verantwortung reflektieren: Der am Ende erfolgreiche Manager sei derjenige, der nach einer Niederlage oder nachdem er niedergeschlagen wurde, einmal mehr aufsteht als die anderen. Das bringt der Reiterin sehr früh das Umgehen mit Entscheidungen von Richtern in Dressurprüfungen bei. Selbstverständlich werden weniger gute Bewertungen immer ungern akzeptiert. Äußere Umstände, verschiedene Blickwinkel und persönliche Sichtweisen fließen in eine richterliche Bewertung ein, die im Kontrast zur eigenen Wahrnehmung und bei mehreren Richtern auch voneinander abweichend ausfallen kann. Die Hartnäckigkeit unter diesen Bedingungen immer wieder an den Start zu gehen, die einem das Dressurreiten auf Turnieren lehrt, gehört zu den Elementen, die sich weibliche Führungskräfte zu eigen machen müssen. Auch für eine weibliche Führungskraft gilt, sich immer wieder neu zu engagieren und sich nicht entmutigen zu lassen.

14. Die Zukunft hat begonnen

Das Ende der klassischen Führungsfigur als Paraderolle und Vorbild für alle Führungskräfte wurde vor allem durch zwei miteinander verbundene Entwicklungen und weitere zwei neue Anforderungen an ein Management eingeläutet:

Digitalisierung

Teams in der digitalisierten Wirtschaft: Digital ausgerichtete moderne Teams werden nicht zur besten Leistung durch Anpeitschen motiviert. Die neue Arbeitswelt ist nicht die alte, um ein paar technische Gimmicks angereichert, sie ist fundamental verschieden. Hier gilt es, Mitarbeiter mit weicher Hand zur Zusammenarbeit und zum gemeinsamen Erfolg zu steuern. Die Spielplätze für Eitelkeit und das Ausleben von Egos althergebrachter Führungsverantwortlicher werden weniger und kleiner. In Zukunft wird es mehr auf die Teamleistung und die Organisation der Prozesse zum Erzielen besserer Ergebnisse ankommen. Gefragt ist ein interaktives mit Empathie ausgestattetes agiles Führungsverhalten, insbesondere in Fachrichtungen und Hierarchien übergreifenden Teams. Die Komplexität der Herausforderungen und Aufgabenstellungen in der Zukunft ist zu hoch für Führungskräfte, die als reine Verwalter agieren. Mannschaftsleistungen können die komplexen und sich beschleunigt verändernden Herausforderungen bewältigen. Die sogenannten Soft Skills werden wichtiger als die Hard Skills sein.

Ein Führen mit weicher Hand im Rahmen der Team-Steuerung im Remote-Modus wird sich vor allem deswegen durchsetzen, weil dabei das Halten der Verbindung zu den Teammitgliedern kommunikative Kompetenzen verlangt, feine Hilfen, eher Lob als Tadel zur motivierenden Unterstützung.

Die Digitalisierung der Wirtschaft hat auch zu einem noch größeren Einebnen des Erscheinungsbildes von Managern geführt. Viele Manager glauben durch das Weglassen der Krawatte zu Unternehmern geworden zu sein oder somit Teil der digitalen Wirtschaft. Die damit verbundene Aufgabe der letzten Individualität von Managern in dem unverändert klassischen grauen oder blauen Anzug sollte nach meiner Empfehlung nicht von Frauen nachgelebt werden. Ohnehin war das Auftreten von weiblichen Führungskräften in braven Kostümen oder Hosenanzügen nur ein Spiegeln und Duplizieren der Männermode. Meine Erfahrung gerade in Paris hat mir bestätigt, dass ein chices, modisches Outfit von weiblichen Führungskräften viel eher zur Anerkennung und zum respektvollen Titel führt: „Madame le Chef".

Post-Corona-Ära

Arbeit in neuen Dimensionen: Die Corona-Krise hat die Führung von physischer Präsenz und dauernder Nähe entkoppelt. Remote Leadership ist gefordert und möglich. Die Zunahme von Homeoffice-Optionen eröffnet für Frauen neue Horizonte, sobald sie sich aus der – soweit ungewollt – Rolle der alleinigen Retterin des familiären und häuslichen Kleinunternehmens befreit haben. Die „New-work“-Konzepte ebenen mit flexiblen Arbeitszeiten und Teilzeitbeschäftigungen viele Nachteile, die einem beruflichen Fortkommen von Frauen entgegenstanden. Gerade in der räumlichen Distanz zu Mitarbeitern kommt die positive Wirkung der Führung mit weicher Hand zum Tragen. Denn hier gelten die gleichen Prinzipien, wenn sie nicht sogar wichtiger sind, zum Beispiel in Bezug auf Kommunikation: Ein Gruß zum Morgen lässt sich auch über digitale Medien aussprechen.

Dies bestätigt auch der bisher konstatierte Erfolg der durch die Corona-Krise bedingten rapide zugenommenen Homeoffice-Tätigkeiten, der nur möglich war, da mit langem Zügel auf Distanz geführt und gesteuert wurde. Die nächste Phase wäre jetzt der bewusste Einsatz von Homeoffice-Optionen, dem ein Führen mit weicher Hand zum größtmöglichen Erfolg führt. Weibliche Führungskräfte können sich heute wie noch nie durch Homeoffice-Optionen organisatorisch optimieren, um ihren eigenen Bedürfnissen gerecht zu werden und diese mit ihren beruflichen Perspektiven in Einklang zu bringen.

Hinzu kommt die neue Arbeitsform mit ihren Möglichkeiten für die Partner einer weiblichen Führungskraft.

Auch für die Partner bricht die Post-Corona-Ära an: Die Abstinenz von Partnern von Lasten des Haushalts-Managements lässt sich nicht länger durch lange Anfahrten zur Arbeitsstätte und zeitliche Beanspruchung allein dort verteidigen. Spiegelbildlich zu weiblichen Führungskräften eröffnen sich Chancen für ihre Partner, private und berufliche Schwerpunkte auszutarieren. Das sollten alle Führungskräfte und die es werden möchten auch von ihren Partnern einfordern.

Und noch ein Ergebnis der Corona-Zeit: Der Online-Einkauf ist zur Selbstverständlichkeit geworden. So kann sich der Zeitaufwand für Einkäufe reduzieren. Auch stehen andere Zeiträume für die Erledigung zur Verfügung, die eine flexiblere Gestaltung des Tagesablaufs gestatten. Das gilt im Anschluss an das vorher Gesagte für alle Haushaltsangehörigen.

Mit einem alleinigen Remote-Modus wird es auch im Berufsleben nicht getan sein. Einer kooperativen Zusammenarbeit ist auch ein Face-to-face von Führungskraft und Mitarbeitern sowie von Mitarbeitern untereinander zuträglich, wenn dieses mit Geschick moderiert wird. Erst recht für eine Führungskraft wird die Anwesenheit in Meetings mit Vorgesetzten und von Managern gewünscht sein, wobei auch für solche Treffen die Organisation als Video-Konferenz zunehmend zur Büronormalität gehört.

Allen Führungskräften empfehle ich auch bei ihrer Büroeinrichtung kein Double von Büros von Behörden- oder Verwaltungseinrichtungen zu geben. Gerade in der digitalisierten Industrie sind Schreibtische mit Chefsessel und Besucherstühle nicht mehr der Designfavorit eines Büros. Anstelle von Besprechungstischen wirkt auch im Büro eine

Sitzgruppe, in der ein Chef am runden niedrigen Tisch und nicht am Kopfende einer Tischplatte Platz nimmt, viel einladender für ein Gespräch. Die Akten, für die bis vor nicht allzu langer Zeit große Besprechungstische beim Chef dienlich waren, sind heute elektronisch über andere Medien verfügbar.

Sogenannte Hybridmodelle, die zeitweise Anwesenheiten im Unternehmen oder zuhause als Grundlage der Zusammenarbeit von vornherein vorsehen, kombinieren die zeitliche mit der örtlichen Flexibilität. Ein offenes Tor in erster Linie für weibliche Führungskräfte, die Mütter sind. Sie müssen es durchschreiten oder aufstoßen, soweit noch nicht alle Flügel offenstehen. Es liegt nun an den weiblichen Führungskräften die Reorganisation ihrer Arbeitsprozesse anzustoßen. Die Bereitschaft in Unternehmen hierzu war noch nie größer. Von allein wird eine hohe Flexibilität keiner Führungskraft vermutlich angeboten. Mit einem Plan von zeitweiser Präsenz und Homeoffice-Einheiten für sich und Mitarbeiter wird eine Chefin nicht nur die Zufriedenheit ihrer Mitarbeiter, vielmehr die eigene steigern und zudem ihre Fähigkeiten ohne die äußeren beengenden Umstände zur Geltung bringen können. Es kommt darauf an, einen solchen Plan zu entwerfen und im Unternehmen abzustimmen, um die Vorteile der neuen Arbeitswelt auch im vollen (möglichen) Umfang zu nutzen.

Changemanagement

Changemanagement wird heute mehr denn je von Führungskräften als Kompetenzfeld gefordert. Die gesamte weltweite Wirtschaft durchlebt einen Wandel nach der Corona-Krise und deren Auswirkungen auf Geschäftsabläufe und Unternehmensführung.

Weder der Patriarch noch der Gesprächsrundenleiter vermögen aus ihrem Rollenverständnis heraus ein großes Interesse an Veränderung entwickeln, wenn nicht sogar der Blick hierfür verbaut ist. Changemanagement setzt vor allem einen Willen zur Veränderung und die Fähigkeit, diese nicht (soweit nicht erforderlich) disruptiv durchzuführen. Kleine Schritte können viel eher zu einem unfallfreien Kurven- oder Schwenkmanöver führen, auch um 180 Grad. Nach meiner Meinung ist die Bereitschaft zur Flexibilität und Veränderung bei weiblichen Führungskräften letztendlich häufiger zu entdecken als bei ihren männlichen Kollegen. Ihre Neugier ist ein Quell der Bereitschaft sowie der Befähigung, sich für Neues zu interessieren und darauf einzulassen. Männliche Führungskräfte müssen sich darauf einstellen, dass ein Abstecken und Verteidigen von Profilierungs-Claims nicht mehr förderlich sind. Offenheit für Neues und die Suche danach können erlernt werden. Um Veränderungen durchzuführen, ist das Führen mit weicher Hand der beste Weg.

Nachhaltigkeit

Die Relevanz von Nachhaltigkeit als Kriterium für erfolgreiches Wirtschaften von Unternehmen und für deren Auswahl als Arbeitgeber wird zunehmen. Wie glaubwürdig eine so ausgerichtete Unternehmensphilosophie durch männliche Manager artikuliert wird, mag jeder selbst einschätzen. Für mich waren die dahin gehenden Versprechungen männlicher Top-Manager weniger überzeugend, als wenn weibliche Führungskräfte sich für dieses Themenfeld stark gemacht haben. Das kann daran liegen, dass Frauen eher die Rücksicht auf Natur und Mitmenschen als eigenes Anliegen abgenommen wird. Haben Frauen aufgrund ihrer höheren Sensibilität ein breiteres Spektrum im Blickfeld unter Berücksichtigung aller Stakeholder? Falls der äußere Schein zutrifft und diese Annahme auch inhaltlich stimmig ist, wäre dies ein gutes Argument, tatsächlich mehr Frauen Verantwortung für das Geschehen in Unternehmen zu übergeben. Das ist ein weites Feld für männliche Manager aufzuholen. Wie? Soweit sie wirklich an ihrem Umfeld in näherer oder größerer Distanz zu ihrem Zuhause oder dem Unternehmen Interesse haben, werden sie sich in irgendeiner Form engagieren.

Die durch die Corona-Krise gewonnenen Erkenntnisse über die Kommunikation auf Distanz und deren Mittel sind ein Heimspiel insbesondere für Führungskräfte, die sich das Führen mit weicher Hand zu eigen gemacht haben. Sie werden schon aus persönlichen Gründen von den virtuellen Treffen stärker Gebrauch machen als von ihren immer noch von Ego-geleitetem Bedarf an Auftreten vor ihrer Mannschaft getriebenen Kollegen. Sie tragen somit zur

Nachhaltigkeit von Unternehmen bei. Das Homeoffice wird zur „neuen Normalität“ gehören und so Verkehr und Umwelt entlasten. Nicht nur dass der tägliche Weg zum Arbeitsplatz nicht mehr die Norm ist, sondern selektiv erfolgt; auch Videokonferenzen verkürzen Reisezeiten, sind sparsamer und deutlich umweltschonender als persönliche Treffen von Vielfliegern.

Frauenquote

Bin ich eine Sympathisantin der Frauenquote? Nein. Wenn Frauen die Prinzipien der Führung mit weicher Hand in der neuen Arbeitswelt beachten und sich so einzurichten wissen, werden sie sich behaupten und erfolgreich ihre Karriere beschreiten können. Dann wird auch die gleiche Bezahlung für die Bewältigung ihrer Managementaufgaben in der neuen veränderten Arbeitswelt und insbesondere auf Nachhaltigkeit setzende Unternehmen damit Hand in Hand gehen. Weibliche Führungskräfte können selten top-down kreiert werden; sie müssen ihren eigenen, wie von mir skizzierten Weg erfolgreich bis an die Spitze der Pyramide eines Unternehmens gehen.

Nach der Mindestquote für Frauen in Aufsichtsräten börsennotierter Gesellschaften wird durch das zweite Führungspositionengesetz zudem vorgegeben, dass eine Frau als Mitglied in einem mehrköpfigen Vorstand, falls nicht schon bestellt, nachrücken muss. Wichtiger und nachhaltiger wäre es, die Rahmenbedingungen für die Entwicklung weiblicher Führungskräfte wie zum Beispiel im benachbarten Frankreich zu schaffen und bereitzustellen. In Deutschland gibt es kaum Kindergärten, die eine Betreuung nach 16:00 Uhr anbieten. Ganztagsschulen fehlen flächendeckend. Selbst Steuervergünstigungen für Überbrückungshilfen durch eine Nanny oder Au-pair sind völlig unzureichend. Wie soll eine junge, weibliche potenzielle Führungskraft, die Mutter sein möchte, ihren Alltag organisieren – außer sie beschränkt sich in ihrer professionellen Laufbahn auf eine Teilzeittätigkeit? Eine berufliche Karriere wie ihre männlichen Kollegen wurde Frauen, wenn sie auch Mutter sein wollen, erheblich schwerer gemacht. Dieses unzulängliche Umfeld vermittelt nicht nur den Müttern, sondern der gesamten Gesellschaft, das Paradigma, dass eine voll berufstätige Mutter als Rabenmutter dasteht. In der Post-Corona-Ära wird durch die New-Work-Optionen hoffentlich auch die gesellschaftliche Stigmatisierung von berufstätigen Müttern aufgeweicht.

In der Zukunft wird ein Unternehmen mit digitaler, kommunikativ starker, teamorientierter und nachhaltiger Kompetenz erfolgreich sein. Das sind die Domänen für eine Führungsverantwortung mit einer Führung mit weicher Hand.

Für verfehlt halte ich die Forderung nach einer Auszeit für Aufgaben als Eltern von Vorstandsmitgliedern und Aufsichtsräten. Mitglieder beider Organe werden zum Schutz des Unternehmens für eine befristete Zeit verpflichtet.

Bei Vorstandsmitgliedern soll die erste Bestellung auf drei Jahre begrenzt sein, um im Falle einer Trennung eine mögliche Aufwandsentschädigung für das Unternehmen in überschaubarer Größenordnung zu halten. Außerdem können sich die Bedingungen und Herausforderungen im Unternehmen in der Bestellungsperiode gerade in der heutigen Zeit so rasch verändern, dass ein Hinausziehen einer Bestellung von Organmitgliedern für ein Unternehmen nicht angemessen erscheint. Wenn sich eine Frau oder ein Mann für diese drei Jahre verpflichtet beziehungsweise für eine Folgeperiode von fünf Jahren, dann sollte diese Person angesichts der Vergütung auch nur für diesen Zeitraum die Organstellung besetzten – oder darauf verzichten. Unterstellt, die Vorstands-Kompensation ist deutlich höher als die der anderen Mitarbeiter im Unternehmen, halte ich es für zumutbar, für die Periode der Bestellung eine externe Hilfe zur Unterstützung zu gewinnen, erst recht, wenn die Ausgaben hierfür steuerlich verwertbar sind. Im Übrigen schaffen die neuen Arbeitsbedingungen Freiräume der Gestaltung in bislang ungeahnter Breite. Bei Aufsichtsräten, die durchschnittlich vier bis sechs Sitzungen im Jahr, davon meist eine am Rande der Hauptversammlung, vorbereiten, abhalten und nachbereiten, sehe ich überhaupt keinen Bedarf für eine Auszeit.

Es liegt auch nicht an dem Fehlen von Elternzeitregelungen für Vorstände und Aufsichtsräte, dass in diese Gremien wenige Frauen außer aufgrund formaler Frauenquote oder Alibi-Diversität berufen werden. Das Beherzigen der Prinzipien des Führens mit weicher Hand wird hoffentlich das Potenzial der weiblichen Führungskräfte für Top-Positionen deutlich vergrößern.

15. Was Führen mit weicher Hand bedeutet

Konturiert habe ich ein Führungsverhalten und -verständnis, das ein Zugeständnis großer Freiräume für Mitarbeiter und Teams, zwischen unkoordinierten frei laufen lassen – wie es angeblich neue Organisationsformen verlangen – und strammer Befehlsausteilung und strenger Kontrollen, einem aus Tradition geformten, altbackenem Führungsstil, austariert.
Das Führen mit weicher Hand ist nicht nur von weiblichen Führungskräften für eine erfolgreiche Führungsarbeit zu beherzigen, sondern auch von ihren männlichen Kollegen:

- Angemessenen Kontakt mit den Mitarbeitern entwickeln; das beginnt mit einer ernst gemeinten, persönlichen Ansprache bei der Begrüßung.

- Stimme und Wortwahl bewusst intonieren und treffen, am besten lächelnd.

- Ein starkes Team ohne Angst vor Kompetenz der Mitarbeiter formen und fördern.

- Klare, langfristige Ziele transparent setzen; Aufgaben kurz und mittelfristig definieren und sich gemeinsam dazu verpflichten.

- Mitarbeitern ausreichend Luft nicht nur zum Atmen, sondern optimalen Raum zum Herauslösen ihrer Stärken einräumen.

- Erwartungen unmissverständlich artikulieren, ggfls. Recap einfordern; Notwendigkeiten der jeweiligen Situation erkennen und entsprechen angepasst reagieren.

- Konsequent und authentisch sein, d.h. nicht versuchen, Führungsverhalten anderer zu kopieren; kontinuierlich die Kommunikation / Verbindung aufrechterhalten.

- Mit bestimmten und feinen Signalen steuern, sich als Teamleader etablieren und auch durchsetzen. Dabei charmant und nicht Mini-Macho sein.

- In der Ausstattung von Garderobe bis Büroeinrichtung eine eigene Note anspielen und keine Angst vor Chic – weder Chefin noch Chef.

- Leichtigkeit in der Führung pflegen, dabei fair, zuverlässig und nachhaltig führen.

- Gespür für die Individualität jedes Mitarbeiters entwickeln; Loben verstärkt die Leistung, Pausen erlauben, Erfolge des Teams würdigen.

- Rechtzeitig Personalentscheidungen in sozial angemessener Form treffen.

- Steh-auf-„Männchen"-Qualität entwickeln.

- Die Optionen flexibler Arbeitszeit und Home-Office in der Post-Corona-Ära in Anspruch nehmen.

Viel Freude und Erfolg beim Führen mit weicher Hand!

Sabine Haag Molkenteller

Nachwort

Auf Gut Hohenkamp biete ich mit meinem Team exklusive, individuelle Programme für weibliche wie männliche Führungskräfte für deren Weiterentwicklung an. Zum einen führen wir mit verschiedenen Pferden als Assistenten sich steigernde Erfahrungsphasen zur Persönlichkeits-Konturierung durch. Dafür muss kein Teilnehmer Vorerfahrungen mit Pferden mitbringen. Das schult, mit Gelassenheit seinen Weg mit dem Team unbeirrt und konsequent zu gehen. Ergänzt wird dieses Training mit der Vertiefung und praktischen Übungen der Methode der Führung mit weicher Hand. Zum anderen schulen wir Führungskräfte für ihr alltägliches Rahmenprogramm: Verhalten im Büro, Benehmen im Restaurant, Hotel, gesellschaftliche Veranstaltungen, Einladungen. Dies umfasst auch Empfehlungen zur Getränke- und Speiseauswahl, eventuelle Geschenke, Kleiderordnung, Benehmen von Herren gegenüber Damen und was diese heute noch, insbesondere als weibliche Führungskraft, erwarten dürfen. Auch im Nachgang zu dem Seminar stehen wir für Fragen und Empfehlungen zur Verfügung, da wir auch interessiert sind, dass unser Coaching zum größtmöglichen Erfolg der Teilnehmer führt.

Weitere Informationen finden Sie auf
www.gut-hohenkamp.de unter *Seminare*.